北洋大学堂旧址建筑图典

舒平 张慧 王倩 / 著

天津出版传媒集团
天津科学技术出版社

图书在版编目（CIP）数据

北洋大学堂旧址建筑图典 / 舒平，张慧，王倩著
. -- 天津 : 天津科学技术出版社，2020.3
ISBN 978-7-5576-7685-8

Ⅰ. ①北… Ⅱ. ①舒… ②张… ③王… Ⅲ. ①天津大学－教育建筑－介绍 Ⅳ. ①TU244.3

中国版本图书馆CIP数据核字（2020）第057742号

北洋大学堂旧址建筑图典
BEIYANG DAXUETANG JIUZHI JIANZHU TUDIAN
责任编辑：张 婧
出　　版：天津出版传媒集团
　　　　　天津科学技术出版社
地　　址：天津市西康路35号
邮　　编：300051
电　　话：（022）23332400
网　　址：www.tjkjcbs.com.cn
发　　行：新华书店经销
印　　刷：方正汇智（天津）彩色印刷股份公司

开本 889×1194 1/24 印张 9.5 字数 300 000
2020年3月第1版第1次印刷
定价：128.00元

序 言

北洋大学堂作为天津大学的前身，是中国近代第一所现代大学，也是中国最早培养工程技术人才的大学。发展近代教育是中日甲午战争失败后，爱国知识分子救国图强的重要举措。北洋大学堂创建者——晚清著名实业家盛宣怀，在《奏设天津中西学堂章程》中写道“自强之道，以培育人才为本。求才之道，尤宜以设立学堂为先”，“况树人如树木，学堂迟设一年，则人才迟起一年”，蕴含了爱国知识分子忧国忧民的拳拳之心和兴学强国的殷殷深情。北洋大学堂的创办，标志着近代化的教育制度开始在中国确立，它不仅推动了中国第一个近代学制的产生，为中国高等学校初创时期体系的建立起到了示范作用。更重要的是，它结束了中国延续一千多年封建教育的历史，开启了中国近代教育的航程。北洋大学堂的教学体系完全是按照西方高等学校的标准建设的，学堂自创办之始，就“集中了一批美、英、法、日、俄等国的教师，以美国哈佛大学、耶鲁大学为办学蓝图，成为当时中国兴办新式大学的样板”（陈栢龄 . 老城津韵 [M]. 天津：百花文艺出版社，2009）。同时，北洋大学堂还资派中国首批大学毕业生赴海外留学，此举在中国近代留学生史上占有重要地位。它培养出的一批工程、司法等各界人才，对中国社会的近代化乃至现代化建设都起到了巨大的推动作用。作为近代中国为向西方学习而建立的第一所大学，其创办本身就是中西文化交流史上的一个飞跃。

现存北洋大学堂旧址是在天津西沽武库旧址上建立起来的，它承载了天津乃至中国教育发展史的重要部分，是近现代重要史迹及代表性建筑。西沽武库旧址不仅是原清军储藏军械弹药的武器库，而且是戍守重地和抗击八国联军的战场。旧址现存南楼、北楼由我国近代颇具影响的第一代建筑师、建筑教育家闫子亨创办的中国工程司设计，他们结合当时钢筋混凝土结构新技术，使用德国进口建材建造，充分考虑了建筑的使用功能、结构与构造、防火、疏散、供暖等的经济合理性，对我们研究当时建筑技术发展有着重要意义。建筑整体风格简约，立面装饰典雅端庄，体现了建设时期的现代主义与古典主义、装饰主义杂糅的艺术风格，是我们研究当时建筑艺术的实物样本，具有重要研究价值。2013 年 5 月，北洋大学堂旧址被国务院公布为第七批全国重点文物保护单位。河北工业大学建筑与艺术设计学院的师生结合天津市历史风貌建筑保护及修缮项目，对北洋大学堂旧址现存建筑进行了详细测绘，围绕北洋大学堂旧址的发展演变，对北洋大学堂（现天津大学）、北洋工艺学堂（现河北工业大学）的发展沿革及其与北洋大学堂旧址的理路关系进行了梳理，整理出若干照片、测绘图纸和文字，结集出版，给该文物建筑的保护提供了翔实的基础资料，对我们研究中国近代高等教育的发展脉络及百年前教育建筑的设计具有重要意义。

天津大学建筑学院名誉院长、中国科学院院士彭一刚教授

彭一刚

2020.5.17

前 言

北洋大学堂是中国近代第一所现代意义上的大学，在中国近代教育史上占有举足轻重的地位。1902 年，北洋大学堂在天津西沽武库旧址复校。西沽武库始建于 1873 年，是清军储藏军械弹药之处、军事重地，也是八国侵略军通过运河北上进京的必经之地。西沽武库因庚子之役而遭八国联军战火损毁，并在八国联军占领天津后被彻底摧毁，它是天津作为近代军事守备重镇的历史见证。

北洋大学堂旧址现存南楼、北楼、团城及校门，其中南楼和北楼为中国近代著名建筑师、建筑教育家闫子亨创办的中国工程司设计，融合了西方古典主义与现代主义风格。团城据其型制推测为西沽武库遗留建筑，为中国屯堡式建筑风格。北洋大学堂旧址承载了天津乃至中国高等教育发展史的重要部分，是近现代重要史迹及代表性教育建筑，具有重要史学价值。

2005 年，北洋大学堂旧址北楼、南楼和团城同时被列为天津市首批重点保护等级历史风貌建筑。2007 年，受天津市历史风貌建筑办公室委托，我们协助制定《天津市历史风貌建筑保护图则》。当时，河北工业大学建筑与艺术设计学院教师与 2004 级部分建筑学专业学生对北洋大学堂旧址进行测绘。时值盛夏，老师们亲临现场指导，学生们不惧酷暑，白天爬上爬下忙测量，晚上挑灯夜战绘图纸，保质保量完成了任务。

2013 年 5 月，北洋大学堂旧址被国务院公布为第七批全国重点文物保护单位，收录于 2016 年公布的首批中国 20 世纪建筑遗产名录。2017 年，受河北工业大学委托，天津大学建筑设计研究院承担了《北洋大学堂修缮工程》项目。时隔 10 年，我院教师与研究生利用暑期，再次参与了该项目。从资料的收集整理、现场踏勘、摄影记录、修缮图纸绘制等，全面配合天津大学建筑设计研究院对该项目的具体实施。

由于天津大学与河北工业大学两校各自与北洋大学堂旧址不同的渊源关系，两校领导及工作人员对该项目都给予高度关注。项目主持人天津大学建筑设计研究院风景园林院朱阳院长、天津大学建筑学院副院长张春彦等第一时间与天津大学档案馆相关负责人取得联系，问询现有相关资料；王倩工程师亲自从档案馆扫描了珍贵的历史照片，搜集了一手资料，填补了部分史料研究的缺环。在调研中，河北工业大学校史馆与团城工作人员都给予全面支持与帮助，学校党委宣传部文化建设科科长、助理研究员曹旭冉老师提供了部分照片资料，协助剖析团城当前存在的问题……

值河北工业大学建筑与艺术设计学院建筑教育六十周年之际，我们协同天津大学建筑设计研究院，在梳理北洋大学堂旧址历史变迁基础上，将 2007 年以来积累的测绘图纸、相关历史照片以及最近拍摄的照片资料进行整理，并结集出版，为深入研究北洋大学堂和保护北洋大学堂旧址提供基础资料。

忆往昔，风雨沧桑，看今朝，更续辉煌！

谨以此书作为献礼！

编者

2019 年 11 月 28 日

目录

下篇 北洋大学堂旧址建筑测绘图

北洋大学堂是中国近代第一所现代大学，历史悠久，名闻中外。北洋大学堂旧址位于天津市红桥区，现存南楼、北楼、团城三座建筑及校门，它承载了天津乃至中国教育发展史的重要部分，是近现代重要史迹及代表性建筑，具有重要历史价值。2013 年 5 月，北洋大学堂旧址被国务院公布为第七批全国重点文物保护单位，收录于 2016 年公布的首批中国 20 世纪建筑遗产名录。

上篇

北洋大学堂旧址建筑概况

第一章　历史沿革

北洋大学堂由晚清著名实业家盛宣怀（图 1-1）于 1895 年（清光绪二十一年）创建，原名“天津北洋西学学堂”，1896 年更名为北洋大学堂，是中国近代第一所现代大学，也是中国最早培养工程技术人才的大学。

北洋大学堂最初校址位于大营门外梁家园（今解放南园）博文书院，后因八国联军侵华，教学中断。1902 年，直隶总督袁世凯奏请在天津西沽武库旧址（全址及所有房屋）重建北洋大学堂校舍，即为现今北洋大学旧址，该校舍经历了北洋大学使用时期与河北工业大学使用时期两个阶段。

梁家园校区时期

年份	事件
1892—1895	申请办学
1895	创办北洋西学学堂
1896	更名北洋大学堂
1900—1902	德军入侵，教学中断

北洋大

年份	事件
1902	在西沽武库重建校舍
1903	团城建设落成
1931—1933	南大楼建设落成

寸期

河北工业大学使用时期

7

5

- 1945 学校迁回并复校
- 1951 北洋大学与河北工学院合并为天津大学
- **1952** 天津大学迁至七里台校区
- 1958 河北工学院复校
- **1962** 四校合并，天津工学院迁至现址
- **1976** 地震后，钟楼被毁，南大楼加固
- 经历数次维修加固
- 2005 公布为天津市重点保护等级历史风貌建筑
- **2013** 公布为第七批全国重点文物保护单位

图 1–1 盛宣怀 像

盛宣怀，字杏荪，1872 年参与创办轮船招商局，嗣后又陆续创设中国电报总局、华盛纺织总厂、中国铁路总公司、中国通商银行、汉冶萍公司等近代重要实业。1895 年后相继开办北洋大学堂、南洋公学，对近代中国教育贡献卓著。

1.1 梁家园校区时期

中日甲午战争失败后，举国图强。洋务运动实业派代表人物盛宣怀意识到：“自强首在储才，储才必先兴学”①，1892 年 (清光绪十八年) 盛宣怀上任津海关道后，就开始筹备办学。三年后，即 1895 年（清光绪二十一年），他向李鸿章禀请具奏。由于李鸿章调入内阁办事，盛宣怀又于 1895 年 9 月 19 日（清光绪二十一年八月一日）通过新任直隶总督兼北洋大臣王文昭上奏光绪皇帝设立一所新式学堂。1895 年 10 月 2 日（清光绪二十一年八月十四日）光绪皇帝在奏折上御笔朱批“该衙门知道”钦此 (图 1-2)。

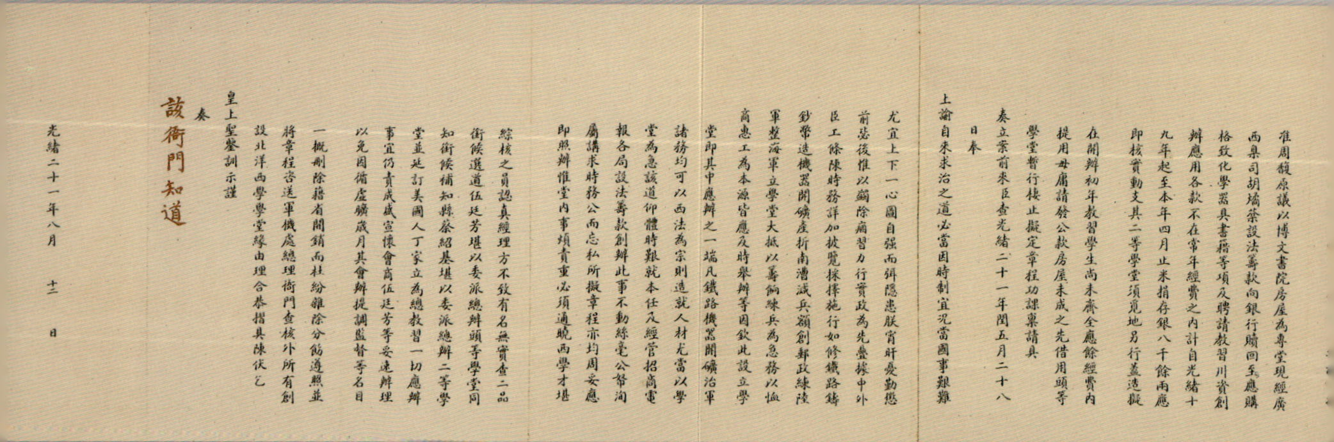

准周馥原議以博文書院房屋為專堂現經廣
西臬司胡燏棻設法籌款向銀行贖回丢應購
格致化學器具書籍等項及聘請教習川資創
辦應用各款不在常年經費之內計自光緒十
九年起至本年四月止米捐存銀八千餘兩應
即核實動支其二等學堂須覓地另行蓋造擬
在開辦初年教習學生尚未齊全應餘經費內
提用毋庸請發公款房屋未成之先借用頭等
學堂暫行棲止擬定章程功課稟請具
奏立案前來臣查光緒二十一年閏五月二十八
日奉
上諭自來求治之道必當因時制宜況當國事艱難
尤宜上下一心圖自強而弭隱患朕宵旰憂勤懲
前毖後惟以蠲除痼習力行實政為先疊據中外
臣工條陳時務詳加披覽採擇施行如修鐵路鑄
鈔幣造機器開礦產折南漕減兵額創郵政練陸
軍整海軍立學堂大抵以籌餉練兵為急務以恤
商惠工為本源皆應及時舉辦等因欽此設立學
堂即其中應辦之一端凡鐵路機器開礦治軍
諸務均可以西法為宗則造就人材尤當以學
堂為急該道仰體時艱就本任及經管招商電
報各局設法籌款創辦此事不動絲毫公帑洵
屬講求時務公而忘私所擬章程亦均周妥應
即照辦惟堂內事煩責重必須通曉西學才堪
綜核之員認真經理方不致有名無實查二品
銜候選道伍廷芳堪以委派總辦頭等學堂同
知銜候補知縣蔡紹基堪以委派總辦二等學
堂並延訂美國人丁家立為總教習一切應辦
事宜仍責成盛宣懷會商伍廷芳等妥速辦理
以免因循虛曠歲月其會辦提調監督等名目
一概刪除藉省開銷而杜紛雜除分飭遵照並
將章程咨送軍機處總理衙門查核外所有創
設北洋西學學堂緣由理合恭摺具陳伏乞
皇上聖鑒訓示謹
奏
該衙門知道
光緒二十一年八月　十二　日

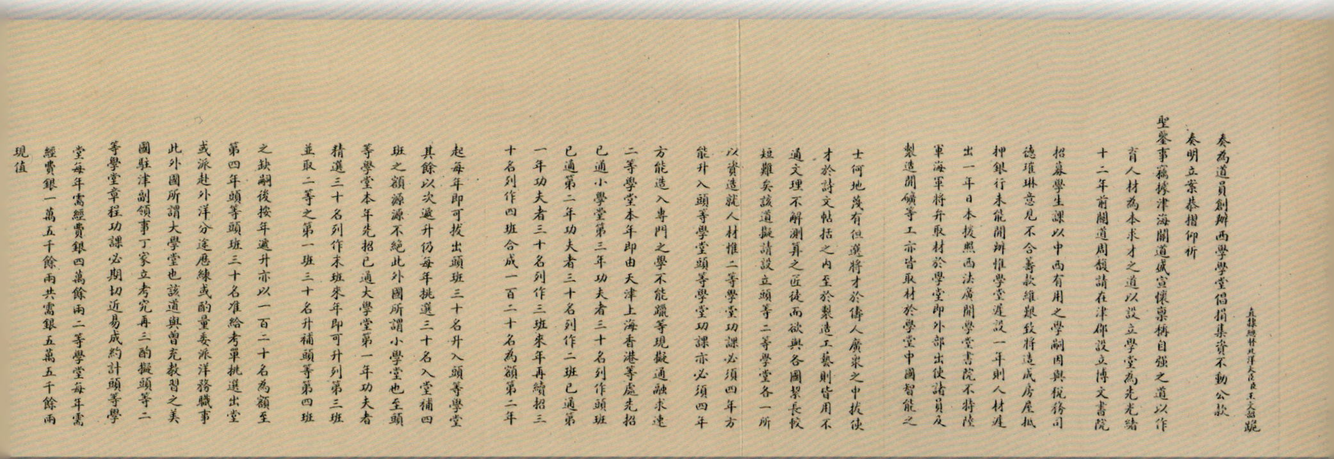

直隸總督北洋大臣臣王文韶跪
奏為道員創辦西學學堂倡捐集資不動公款
奏明立案恭摺仰祈
聖鑒事竊據津海關道盛宣懷稟稱自強之道以作
育人材為本求才之道以設立學堂為先光緒
十二年前關道周馥請在津郡設立博文書院
招募學生課以中西有用之學嗣因與稅務司
德璀琳意見不合籌款維艱致將造成房屋抵
押銀行未能開辦推學堂遲設一年則人材遲
出一年日本援照西法廣開學堂書院不特陸
軍海軍將弁取材於學堂即外部出使諸員及
製造開礦等工亦皆取材於學堂中國智能之
士何地蔑有但選將才於儔人廣衆之中拔使
才於詩文帖括之内至於製造工藝則皆用不
通文理不解測算之匠徒而欲與各國絜長較
短難矣該道擬請設立頭等二等學堂各一所
以資造就人材惟二等學堂功課必須四年方
能升入頭等學堂頭等學堂功課亦必須四年
方能造入專門之學不能躐等現擬通融求速
二等學堂本年即由天津上海香港等處先招
已通小學堂第三年功夫者三十名列作頭班
已通第二年功夫者三十名列作二班已通第
一年功夫者三十名列作三班來年再續招三
十名列作四班合成一百二十名為額第二年
起每年即可拔出頭班三十名升入頭等學堂
其餘以次遞升仍每年挑選三十名入堂補四
班之額源源不絕此外國所謂小學堂也至頭
等學堂本年先招已通大學堂第一年功夫者
精選三十名列作末班來年即可升列第三班
並取二等之第一班三十名升補頭等第四班
之缺嗣後按年遞升亦以一百二十名為額至
第四年頭等頭班三十名准給考單挑選出堂
或派赴外洋分途歷練或酌量委派洋務職事
此外國所謂大學堂也該道與曾充教習之美
國駐津副領事丁家立考究再三酌擬頭等二
等學堂章程功課必期切近易成約計頭等學
堂每年需經費銀四萬餘兩二等學堂每年需
經費銀一萬五千餘兩共需銀五萬五千餘兩
現值

图 1-2 《海关道盛宣怀禀明创办西学学堂事》奏折是光绪皇帝朱批"该衙门知道"钦此，第一历史档案馆藏。

1895年（清光绪二十一年）天津海关道盛宣怀创办天津北洋西学堂，为学堂首任督办，最初校址为大营门外梁家园（今解放南园）（图1-3、图1-4），于当年10月2日（八月十四日）开学。该学校设法科、矿山科、土木科、机器科以及头等学堂（本科）和二等学堂（预科），修业期限均为四年。北洋西学堂的开办，标志着中国第一所现代大学在天津诞生。

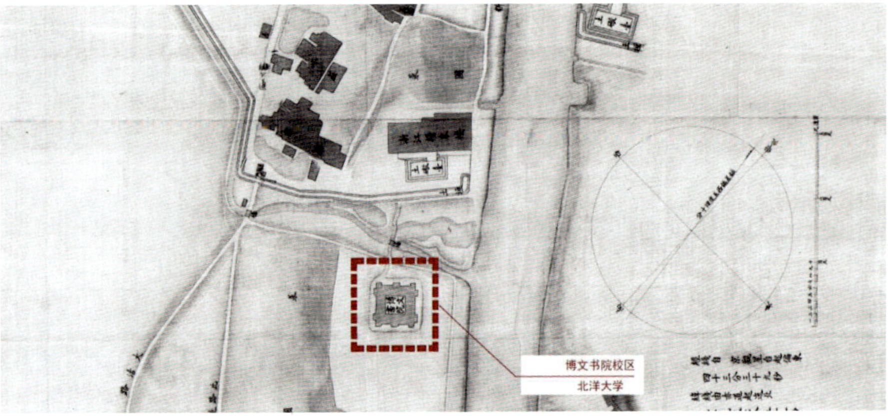

图1-3 1888年天津城至紫竹林地图中博文书院（1886年始建）位置

图 1-4　梁家园时期博文书院

1886 年，李鸿章命原津海关道周馥在天津梁园南围墙外建造博文书院。因经费问题，该书院未能开办，所造房屋也抵押给银行。1895 年。北洋西学学堂创办时，请旨将博文书院作为学堂校舍。1900 年，八国联军占领天津，博文书院被德兵据为兵营。

1896 年（清光绪二十二年）更名为北洋大学堂。

1900 年（清光绪二十六年）八国联军入侵，学校被占作德国兵营，教学中断。

1900 年 (清光绪二十六年)，北洋大学堂首届毕业生王宠惠获颁“钦字第一号文凭” (图 1-5、图 1-6)；可以说，北洋大学从开创之初就是一所真正意义上的大学。

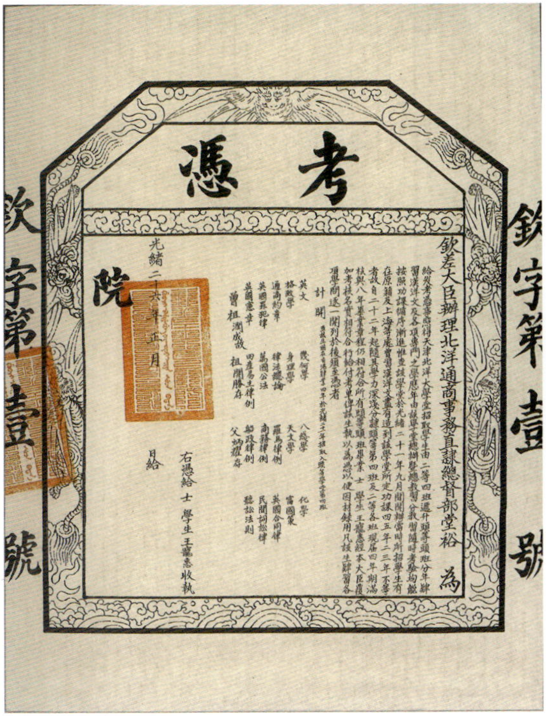

图 1–5　钦字第一号文凭

图 1–6　钦字第一号文凭上所盖“钦差大臣关防”印章

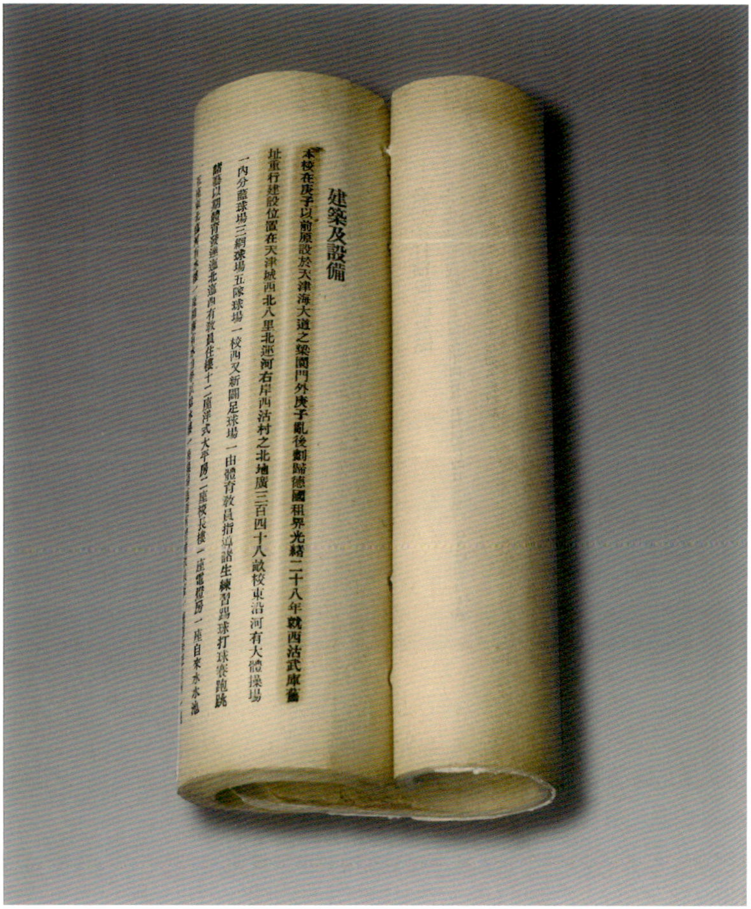

图 1–8 1925 年北洋大学三十年校庆纪念册上对校址变迁的介绍

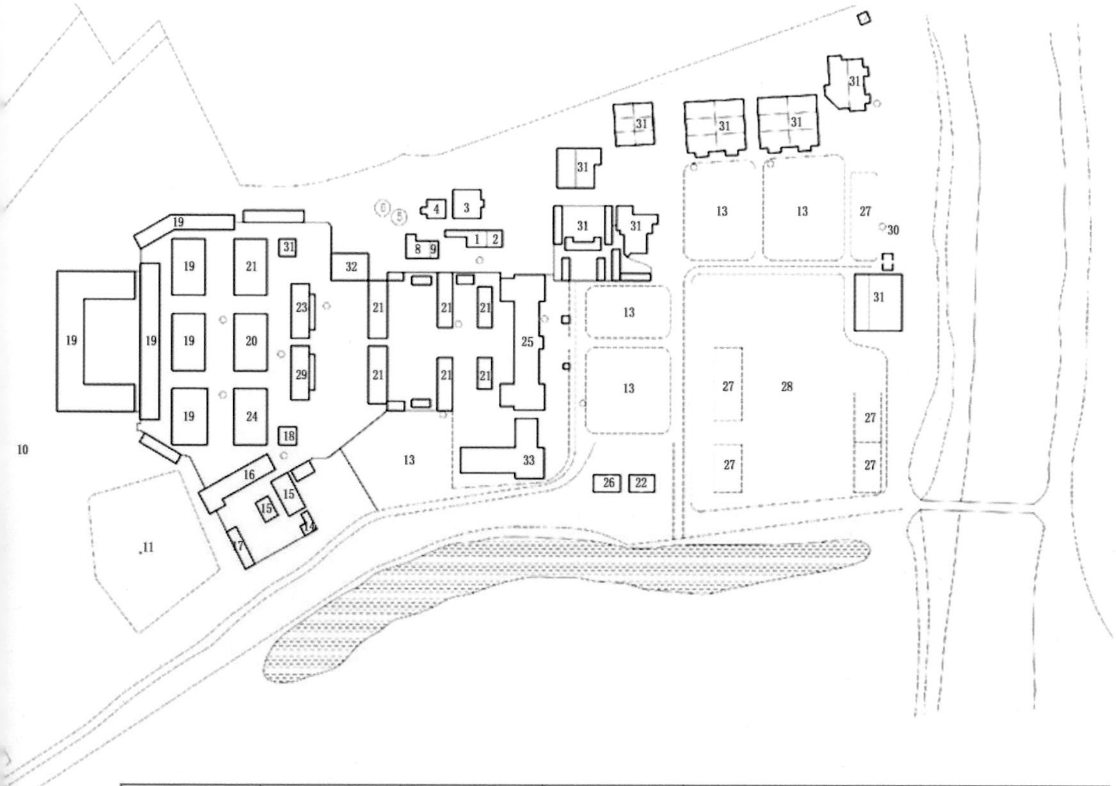

1 校长处	6 净水池	11 旗地	16 食堂	21 讲室	26 巡警驻在所	31 教员住宅
2 文案处	7 抽水机	12 凉亭	17 储藏室	22 储藏室	27 网球场	32 机械实验室
3 浑水池	8 机器厂	13 花园	18 医务处	23 办公室	28 体操场	33 理化实验室
4 澄水池	9 电灯房	14 浴室	19 斋舍	24 图书室	29 矿山模型陈列室	○ 水龙头
5 压水池	10 备用余池	15 厨室	20 屋内体操厂	25 工矿实验室	30 喷道积水池	— 界限

图 1-9 西沽校区 1925 年校园复原总图

1903 年 (清光绪二十九年)，建成东端教学大楼一座 (即四面钟大楼)[④] (图 1-10)，以及外国教员宿舍楼、学务处办公用房，中国教员宿舍平房即团城（图 1-11）。

1912 年，中华民国成立后，奉命更名为北洋大学校。

1914 年，改称国立北洋大学。

1929 年，校园内的早期建筑四面钟大楼被焚毁。

图 1-10　国立北洋大学时期四面钟大楼

（图中左侧建筑是后来建成的理化楼）

北洋大学 40 周年校庆时李书田与教职员合影（照片摄于 1935 年）

图 1-11 北洋大学时期的团城和校门

1931 年，择定东操场南边空地为大楼新址，工程设计由覃全甫担任。设计完毕，便于当年 3 月底破土兴工。

1932 年，工程学馆 (南大楼) 完成了主体建筑的建设，但是由于经费短缺，南大楼内部的装修无法进行，故无法交付使用 （图 1-12）。

1933 年，继续完成南大楼的结尾工程并投入使用，共耗资 15 万元。主楼兼负办公职责 (校长室等)。

1935 年，开始建造工程实验馆 (北大楼)（图 1-13、图 1-14）。

1936 年春，北大楼建成并投入使用。

图 1–12　1930 年兴建，1933 年建成的工程学馆　（南大楼）

图 1–13　1936 年春建成并投入使用的工程试验楼（北大楼）

图 1–14　分别于 1933 年和 1936 年建成的北洋工学院工程学馆（南大楼）、工程实验馆（北大楼）及教员宿舍（即团城，建设时间

北洋工學院

1937 年春，在遭火灾焚毁的四面钟教学大楼旧址上开始修建可供 400 人同时阅览、藏书量达 50 万册的“T”字形图书馆。但三层图书馆仅建成一层半时，爆发了“七七事变”，图书馆停止建设。

图书馆建设阶段，校区东侧团城的南边新建了学校大门（详细时间不明）。至此，北洋大学的校园规划建设基本成熟（图 1-15）。

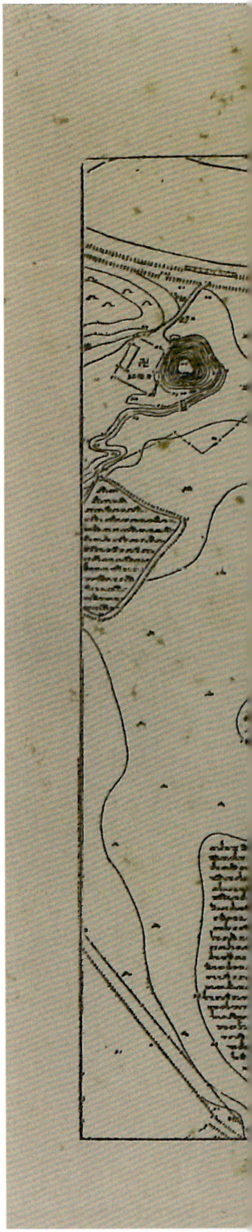

图 1-15　国立北洋大学西沽校址平面图

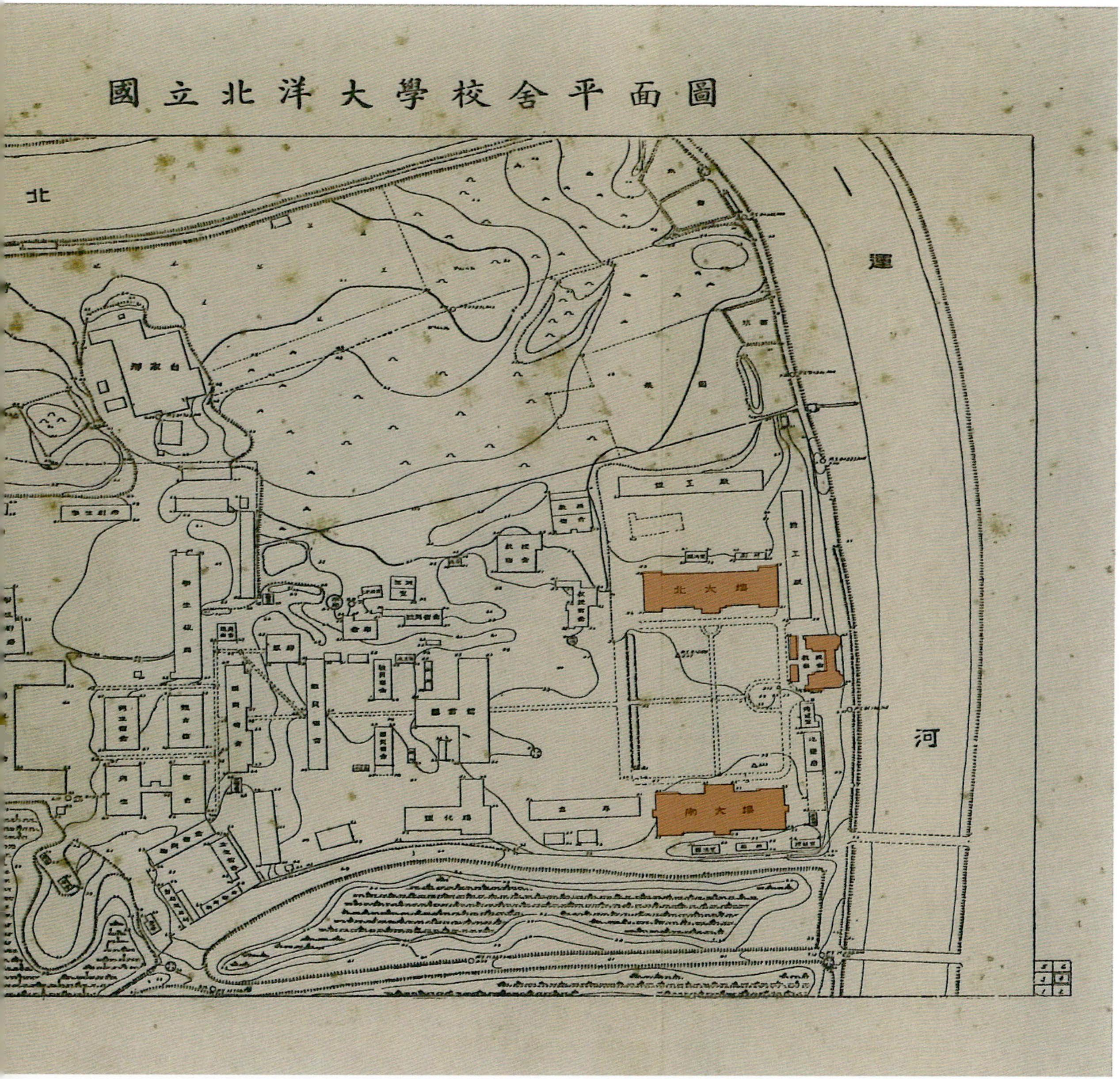
國立北洋大學校舍平面圖
北
運
河
北大樓
南大樓

1937 年，日军发动侵华战争，平津失陷后，北洋大学于 7 月 23 日西迁，与北平大学、北平师范大学和北平研究院联合组成西安临时大学，后又更名为国立西北联合大学。

1937 年—1945 年 8 月的抗战期间，北洋大学堂旧址先后被日军与国民党军队占据，同时校园也遭到严重破坏。

1945 年，抗战胜利。中国民国教育部函令恢复北洋大学。

1946 年 5 月，北洋大学回津复校，学校下设理、工两个学院，共 12 个系。

1946 年 8 月 20 日，完成了南大楼的修葺工作。

1951 年 9 月，北洋大学与河北工学院合并，定名为天津大学，直属中华人民共和国中央教育部。

1952 年 7 月，迁校址于今南开区七里台。并校后，全校共设 11 个系。

“北洋大学校区先是被日军占据，并将其划为坦克兵营，同时将学校周边地带也划为军事区，禁止买卖和建设；在末期又被国民党军队驻扎。校园遭到极为严重的破坏，树木基本被砍伐殆尽，很多房舍的水管和电线被拆走，木质门窗和地板被烧掉，没有转移走的图书及设备也全部遭到了破坏，建筑更是有一些屋顶坍塌、墙体倾斜，随时面临倒塌的危险。校园里碎砖瓦砾、垃圾成堆，满目疮痍。”

“1951 年 9 月 21 日，中央人民政府教育部下达高字第 1192 号文件，通知北洋大学和河北工学院合并，定名为天津大学。校舍分两处，原北洋大学西沽校舍为学校北院，原河北工学院黄纬路校舍为南院。”

“作为天津大学北院的西沽校区于 1952 年 7 月 16 日由教育部拨予天津市人民政府，新天津大学迁往七里台另建新校舍。”⑤

1.3 河北工业大学使用时期

河北工业大学的前身是创办于 1903 年的北洋工艺学堂，是中国历史最悠久的现代高等学府之一，也是中国最早开始培养高等工业技术人才的“工程师摇篮”。其创始人为直隶新政开拓者凌福彭（1856—1931）（图 1-16）。我国近代著名实业家周学熙（1866—1947）、现代爱国工业教育家魏元光、我国内燃机和汽车工程教育的奠基人之一潘承孝（1897—2003）等都曾担任掌校人。在一百多年的历史变迁中，学校名称亦经过多次变更（见附录二），并于 1995 年更名为河北工业大学。

图 1–16 凌福彭 像

凌福彭（1856—1931）原名凌福添，字仲桓，河北工业大学的前身北洋工艺学堂创始人。他自幼在家读书，精词章，爱书画，于 1893 年中举人，1895 年举进士，授翰林院庶吉士，又授户部主事，考取军机章京，递升员外郎、郎中，京察一等，记名以道府用，1901 年，补授天津府知府。他积极配合清政府“新政”措施，筹办北洋工艺学堂，创办天津商务公所，改革司法制度，推行地方自治等，受到袁世凯赏识。

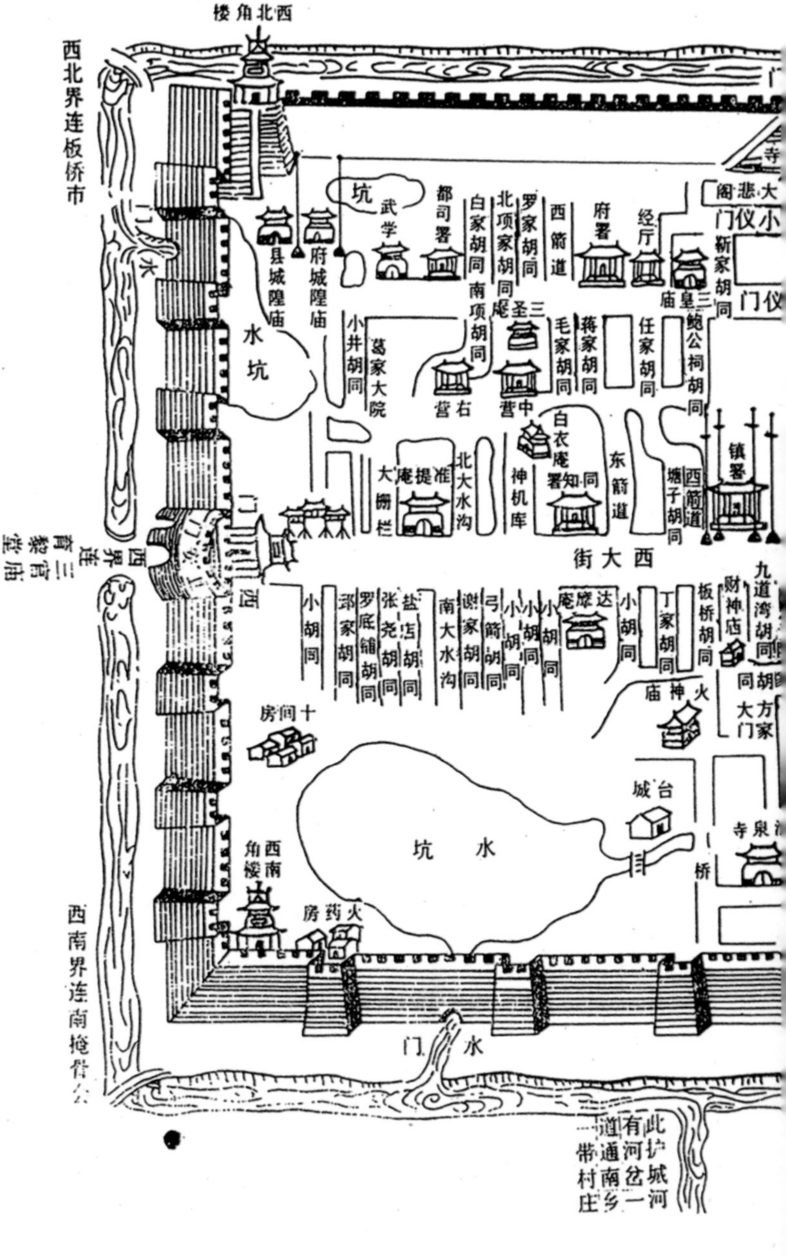
西北角楼
西北界连板桥市
水门
门
西门
西界连三官育黎堂庙
西
县城隍庙
府城隍庙
坑
武学
都司署
白家胡同
北项家胡同
罗家胡同
西箭道
府署
经厅
小仪门
大悲阁
靳家胡同
仪门
三皇庙
鲍公祠胡同
水坑
小井胡同
葛家大院
南项胡同
三圣庵
毛家胡同
蒋家胡同
任家胡同
右营
中营
白衣庵
镇署
西箭道
塘子胡同
东箭道
知署
提准庵
北大水沟
神机库
大栅栏
西大街
小胡同
邵家胡同
罗底铺胡同
张尧胡同
盐店胡同
南大水沟
谢家胡同
弓箭胡同
小胡同
达摩庵
丁家胡同
板桥胡同
财神店
九道湾胡同
火神庙
方家大门
十间房
城台
泉寺
桥
水坑
西南角楼
火药房
水门
西南界连南掩骨公
此护城河有河岔一道通南乡一带村庄

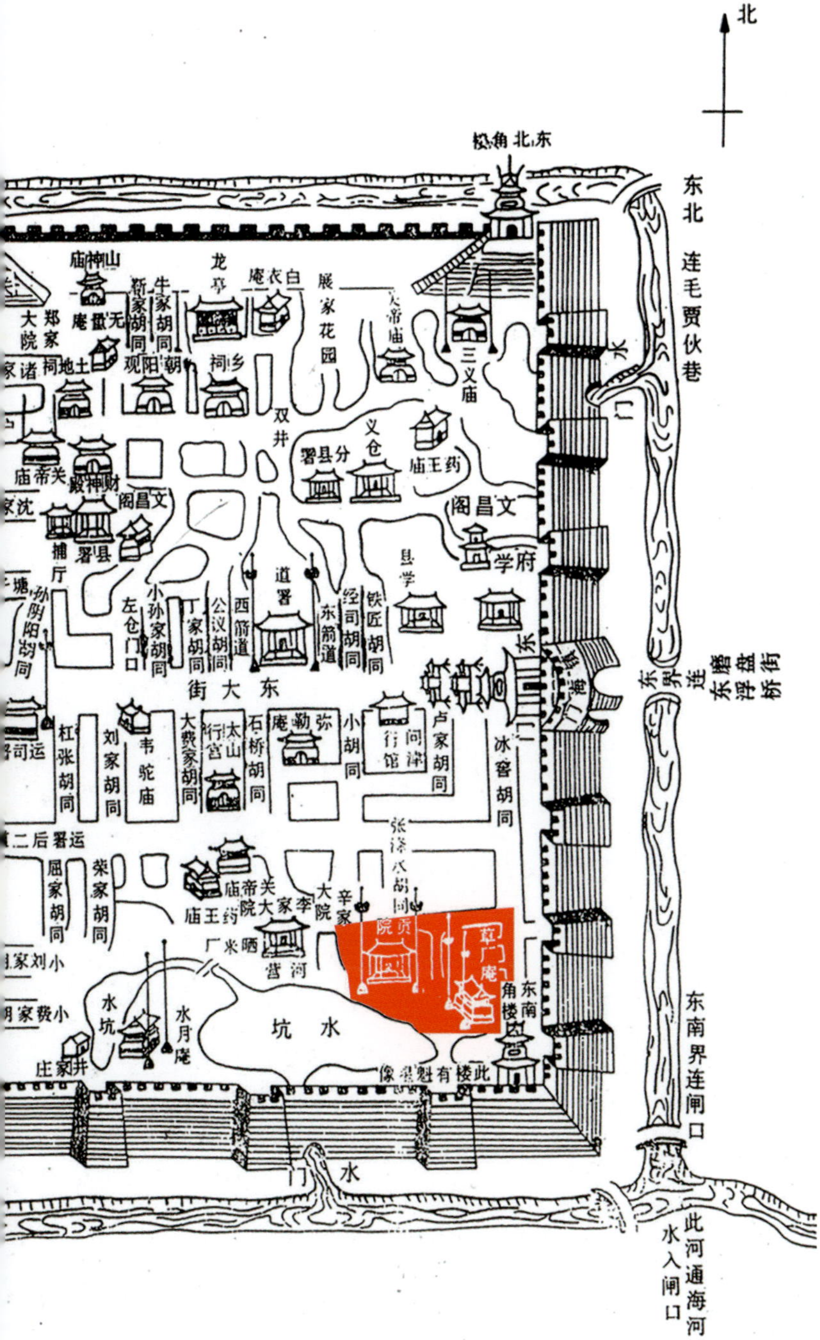

图 1–17　天津城内图，见于道光二十六年（1846）《津门保甲图说》。从图中可以看出当时天津城内街道分布情况。北洋工艺学堂最初就设立在天津旧城东南贡院和草厂庵。

清光绪二十八年（1902）十月十八日，时任直隶总督兼北洋大臣袁世凯呈奏光绪皇帝求建工艺学堂（奏折现存于台北故宫博物院），并委派天津知府凌福彭筹办兴建学堂的相关事宜。1903 年 2 月，凌福彭受命后立即拟定了较为详细的学堂筹办相关章程并着手筹建。学堂选址于当时天津老城厢东南角贡院东侧的草厂庵（图 1-17），校名初定为北洋工艺学堂。

清光绪三十三年（1907 年）九月，学校在天津河北窑洼（现河北区黄纬路五马路交口）孙家花园旁建新校舍，第二年七月迁入新址（图 1-18）。

1931 年 3 月，河北省政府将北洋铁工厂厂址划归河北省立工业学院作为分院，原北洋铁工厂位于河北省立工业学院元纬路校址的南侧，五经路和元纬路十字交叉口斜对向（图 1-19）。

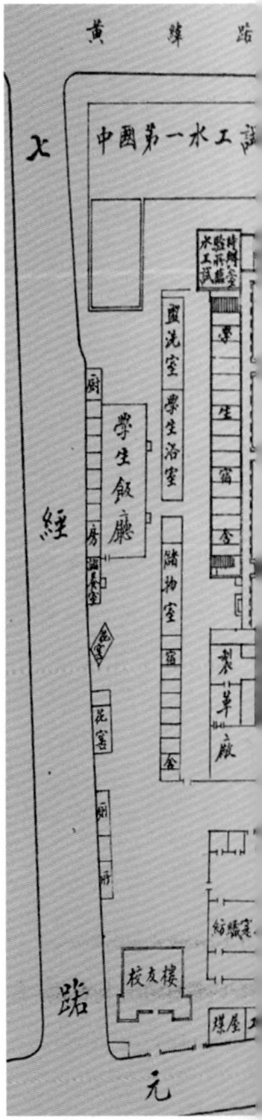

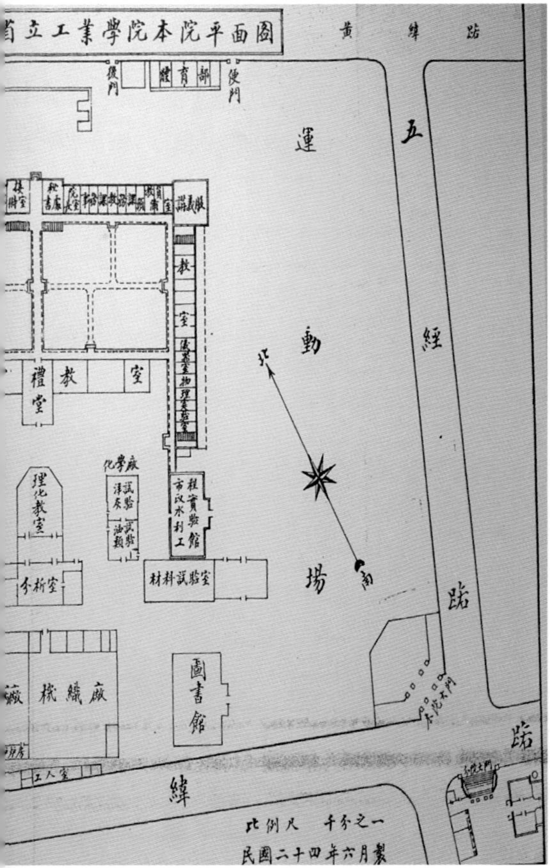

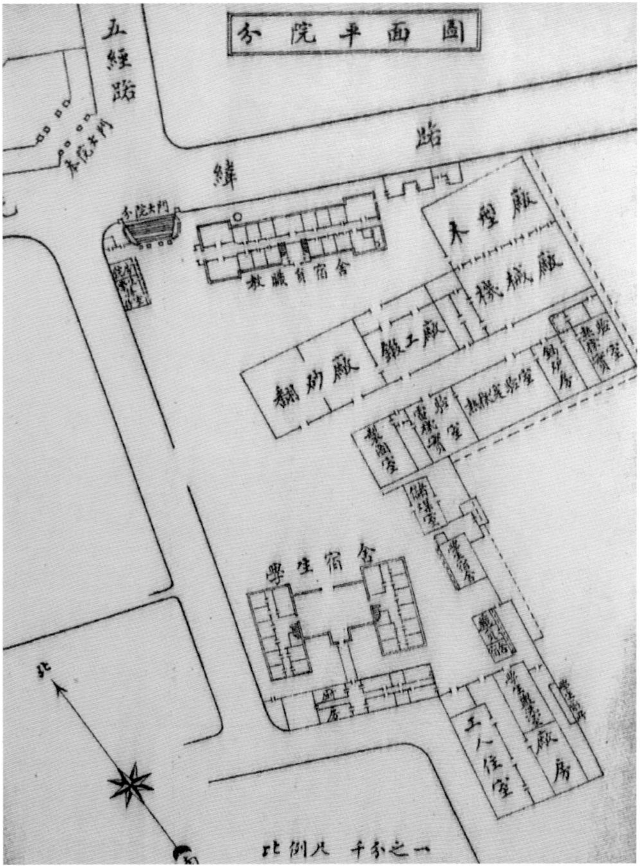

图 1–18　河北省立工业学院本院平面图

图 1–19　河北省立工业学院黄纬路分校平面图

1945年抗日战争胜利后约一年时间，河北省立工业学院得以在原址复校。

1951年6月2日，教育部对高等院校进行调整，将北洋大学与河北工学院两校合并，定名为天津大学。新校址定为天津市南开区七里台。同年8月1日，天津大学正式成立。9月26日，在河北工学院元纬路校区南院大礼堂举行庆祝天津大学成立暨开学典礼。

1958年7月，河北省委批示，决定恢复河北工学院。河北工学院新校址选定为天津市河北区黄纬路原河北工学院老校址。原天津大学教务长潘承孝任河北工学院院长。

1962年7月，因天津市与河北省于1958年划为一个建制，7月河北工学院与天津工学院合并，并名为天津工学院。原天津工学院是1961年由天津机电学院、天津建筑工程学院、天津化工学院合并而成，所以相当于四校合并。

天津机电学院的前身是成立于1948年的天津市立工业职业学校，原校址位于天津西站邵公庄新春街。1951年，更名为天津市工业学校，并于第二年将校址迁至北洋大学堂旧址，位于天津市红桥区西沽北洋桥畔。1955年至1957年间，北京、哈尔滨、济南、太原等地工业学校的机械科和电机科以及天津农业学校先后并入当时的天津市工业学校，1959年至1962年间，杨柳青专区工学院并入天津工业学校并附设天津机电工业学校，校址选定天津市红桥区光荣道原北洋大学旧址。

天津建筑工程学院是1958年在天津城市建设工程学校基础上建立的，该校是1952年8月由天津工业学校土木科和河北工学院高职部土木科合并而成立的，校址在北洋桥原北洋大学旧址。1954年，河北省水利土木工程学校的工业和民用建筑专业并入天津市土木工程学校，于1955年10月将校址迁至丁字沽光荣道（现南院）。

天津化工学院是1958年在天津工业学校化工科和总后第一预校的基础上建立的，同年合并天津市化工局化工干校，校址设在天津市红桥区本溪路。⑥

河北工学院与天津工学院于1962年合并后，北洋大学堂旧址正式成为河北工业大学校址并沿用至今(图1-20)。

1976年，受唐山大地震影响，南大楼顶部的钟楼被破坏，后未重建。三层部分墙体局部开裂，后采用钢筋网砂浆面层加固，加固年代不详。使用期间，该建筑三层西侧端部走廊局部区域损毁，曾对纵向空心砖内隔墙进行加固改造，加固采用木构件及锚栓于该区域墙体三分之二层高处与墙体锚固连接，年代不详。

2013年1月，南大楼、北大楼、团城作为一组建筑，由天津市人民政府公布为天津市第四批文物保护单位，公布名称为“北洋大学堂旧址”。

2013年5月，由国务院核定公布为第七批全国重点文物保护单位，公布名称为“北洋大学堂旧址”。

2015年1月，天津市人民政府划定并公布了保护范围及建设控制地带。

第一章注释：

① https://baike.baidu.com/item/ 天 津 大 学 /134155?fromtitle= 北 洋 大 学 堂 &fromid=3354420&fr=aladdin

②西沽武库：始建于 1873 年，坐落于天津城北八里的西沽村北（今西沽公园与河北工业大学东院一带），占地约 350 亩，由直隶总督李鸿章筹建。武库东面、南面和北面围有土墙，西面有河，是一座堡垒式建筑，在清末的天津地区具有重要军事地位。西沽武库作为天津机器局的武器库，集存储与生产于一身。一方面存储火药和各种军用物资，另一方面生产武器弹药、小汽船和内河船，其内部的火药工厂是当时世界上最大的军火工厂之一。此外，这个兵工厂中还有一所为北洋舰队培养人才的水师学堂。1900 年庚子之役中，西沽武库被八国联军拆除摧毁，仅残存八座大库房和其他几座平房。1902 年，时任直隶总督兼北洋大臣的袁世凯指定在西沽武库废墟上重建北洋大学堂校舍，此即北洋大学堂西沽校区。

（参考文献：今晚报 10 版 .2017 年 12 月 16 日、罗树伟《近代天津城市史》、全德生硕士论文《天津大学——北洋大学校园规划建设过程研究（1895—2015）》）

③ 胡小唐 . 邹爱莲 . 北洋大学（天津大学）历史档案珍藏图录，天津大学出版社，[D].2005.

④ 四面钟教学楼：这座教学大楼是用丁家立由德国索回的 5 万两白银赔偿金于 1903 年 4 月建成。它的平面轮廓呈 H 形，东西朝向，南北长 240 尺（约 80 米），东西宽 80 尺（约 27 米），高 48 尺（约 16 米）。为砖木结构，除地下室外分上下两层，正中间门洞上边的楼顶有一个大钟楼，内置当时天津唯一的一个标准钟。1929 年，该教学楼被焚毁。1995 年，天津大学百年校庆之际，由彭一刚院士主持设计的北洋纪念亭参考了该建筑的风格。

（参考文献：北洋大学——天津大学校史（一）、杨渝钦主编《莘莘学子母校情》、全德生硕士论文《天津大学—北洋大学校园规划建设过程研究（1895—2015）》）

⑤ 全德生 . 天津大学——北洋大学校园规划建设过程研究（1895—2015）[D]. 天津大学，2015.

⑥ 孟怡然 . 河北工业大学老校区教育建筑遗产及其保护策略研究 [D]. 河北工业大学，2018.

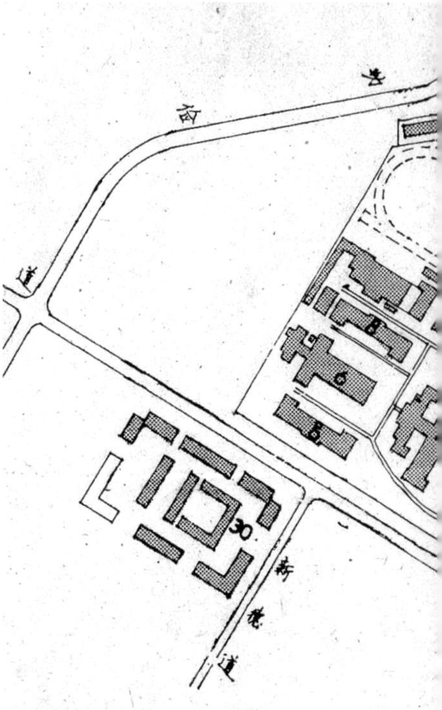

院部

1 机械一系教学楼

2 中心实验楼

3 管理工程系教学楼

4 行政办公楼

5 机械加工装配车间

6 食堂

7 教工单身宿舍

8 学生宿舍

9 工会俱乐部

10 车库

11 招待所

东院：

12 物理实验室楼

13 图书馆

14 化工系教学实验楼

15 南大楼（自动化系）

16 北大楼

17 电工厂

18 铸工车间

19 化机、化辰实验室

20 食堂

21 学生宿舍

南院：

22 南院教学楼

23 合班教室

24 礼堂

25 食堂

26 机械二系实验室

27 结构实验室

28 学生宿舍

29 游泳池

30 教工家属住宅区

■ 厕所

图 1–20　河北工学院时期校舍平面图

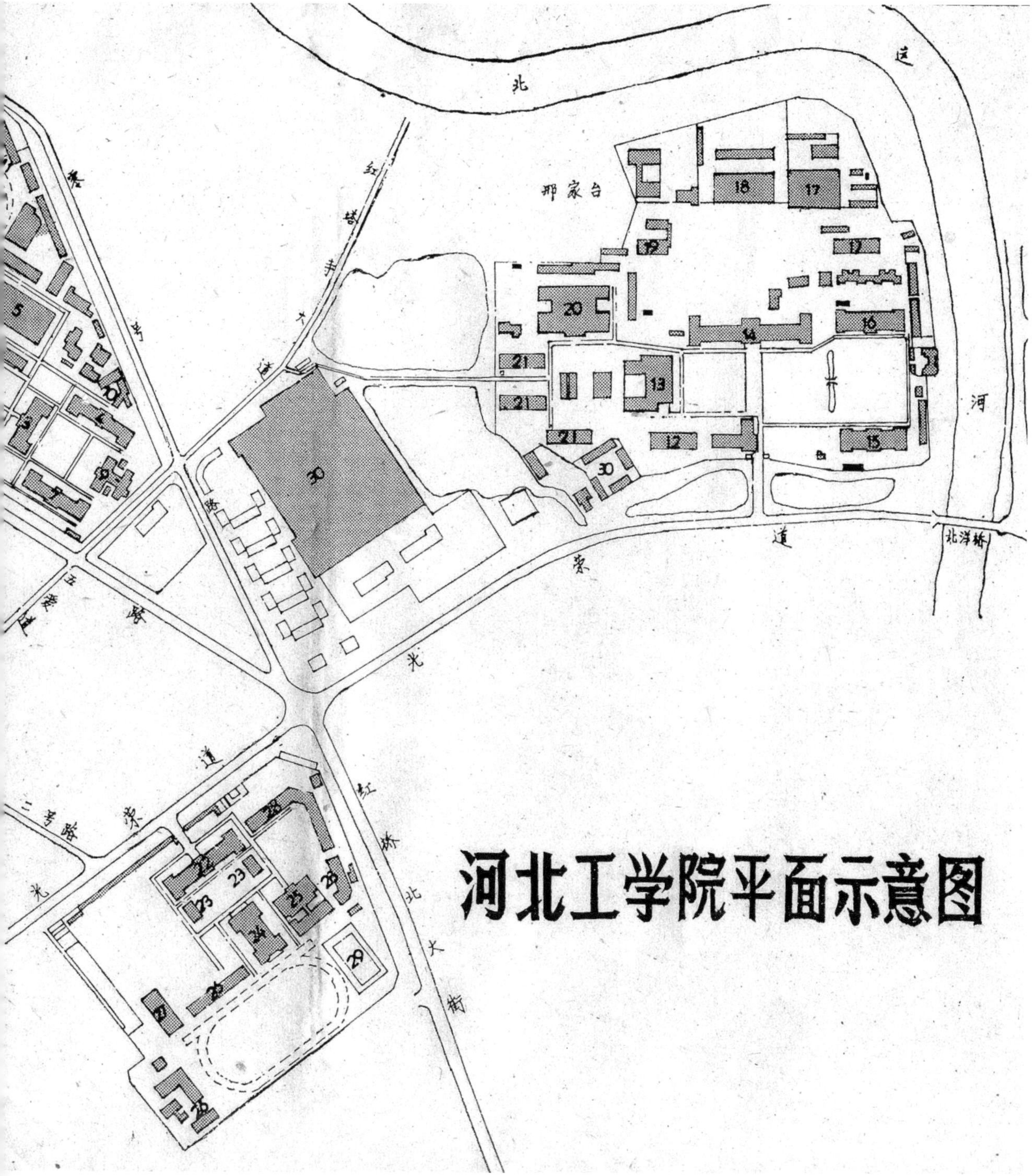

河北工学院平面示意图

第二章 北洋大学堂旧址建筑概况

现存北洋大学堂旧址是在西沽武库废墟上建立起来的。西沽武库原为清末天津机器局的武器库，集存储与生产于一身，并有一所为北洋舰队培养人才的水师学堂，在清末的天津地区具有重要军事地位，后毁于1900 年庚子之役。旧址现存南大楼、北大楼、团城三座建筑及校门。

2.1 地理位置

北洋大学堂旧址位于天津市红桥区光荣道 2 号，河北工业大学红桥老校区东院校园内东部。红桥区位于天津市城区西北部，其东南与河北、南开两区相交，西北与西青、北辰两区相邻，东西长 6 千米，南北宽 5.6 千米，面积约 22.31 平方千米。河北工业大学东院位于红桥区东北角，东、北邻北运河，南临光荣道，西侧临近京津路（图 2-1）。

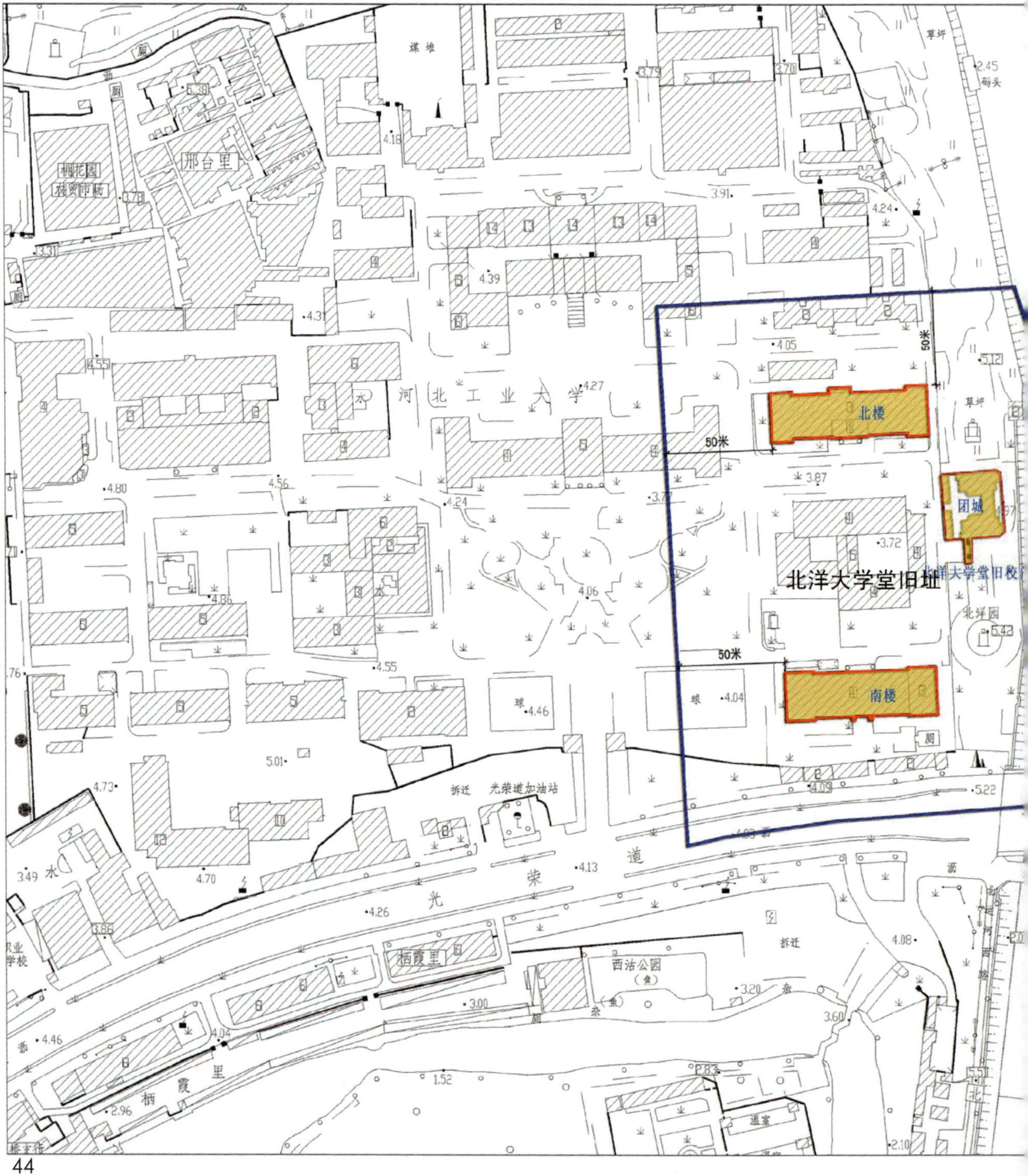

北洋大学堂旧址
北楼
南楼
团城
50米
50米
50米
河北工业大学
光荣道
光荣道加油站
拆迁
邢台里
棚花园
农贸市场
煤堆
草坪
码头
北洋园
栖霞里
西沽公园

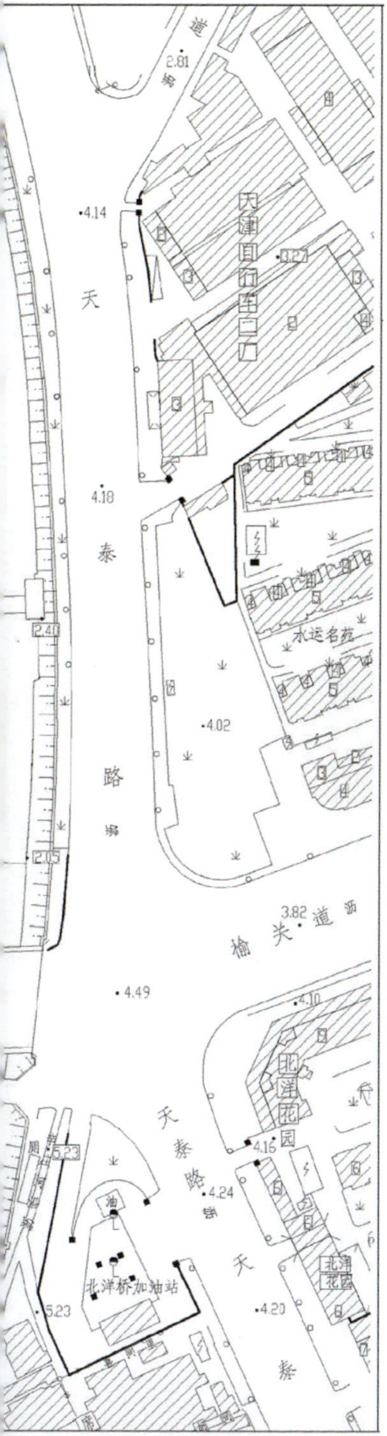

天津市区在天津市域位置

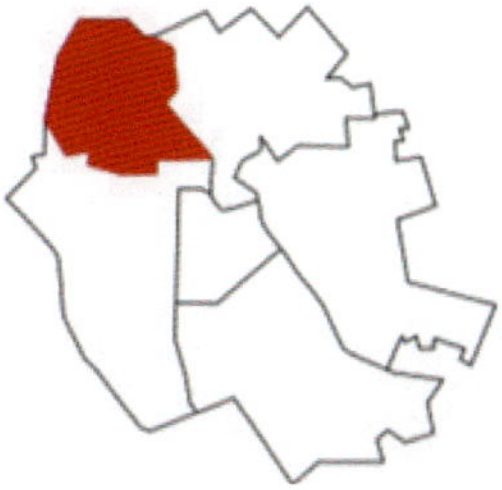

红桥区在天津市区位置

北洋大学堂旧址在红桥区位置

图 2-1 北洋大学堂在天津市的区位图

图 2-2 南大楼局部图

2.2 建筑概况

北洋大学堂旧址现存南大楼、北大楼、团城三座建筑及校门，现存南大楼、北大楼由我国近代颇具影响的第一代建筑师、建筑教育家阎子亨①创办的中国工程司设计，两大楼均使用德国进口建材，体现了中国工程司初期闫子亨的设计从古典复兴向现代式样转变的风格特征。团城根据其建筑形制特征，推测为毁于八国联军战火的原清军储藏军械弹药的西沽武库遗留建筑。旧址概况如表 1 所示。

表 1 北洋大学堂旧址建筑概况表

建筑名称	建成年代	原有功能	占地面积(平方米)	建筑面积（平方米)
南大楼	1933 年	北洋工学院工程学馆	2336	4902.45
北大楼	1936 年	北洋工学院工程实验馆	1678.36	4716.81
团城	不详	北洋大学自来水处理厂办公用房、教职工宿舍	868.28	515.37
校门	不详	校门	20	--

北洋工學院
1903

2.1.1 南大楼

南大楼，原为北洋工学院工程学馆，建成于 1933 年，建筑占地面积 2336 平方米，建筑面积 4902.45 平方米，总高 17.69 米，一层现为河北工业大学校史馆，二层、三层为教学用房（图 2-2、图 2-3）。

图 2-3 南大楼局部透视图

建筑形制与构造做法

南大楼为带局部半地下室、上部主体三层砖混结构的教学楼，三层东西两端局部采用钢筋混凝土板 - 柱结构。建筑东西对称，平面呈矩形，南北朝向，平屋顶。建筑主入口设于建筑北侧中央位置，门上留有牌匾，上书“北洋工学院”（图 2-4 至图 2-13），建筑东侧设有应急出口和消防逃生梯。

层高：半地下室为 2.80 米，首层、二层均为 4.00 米，三层为 4.40 米，室内外高差为 1.00 米，主体建筑檐口高度为 13.40 米。该建筑楼(屋)盖采用现浇钢筋混凝土梁、板结构及小肋空心砖楼（屋）盖板结构，屋面为沥青卷材防水平顶屋面，屋顶四周设置 0.60 米高的砖砌女儿墙。

图 2-4 南大楼主入口

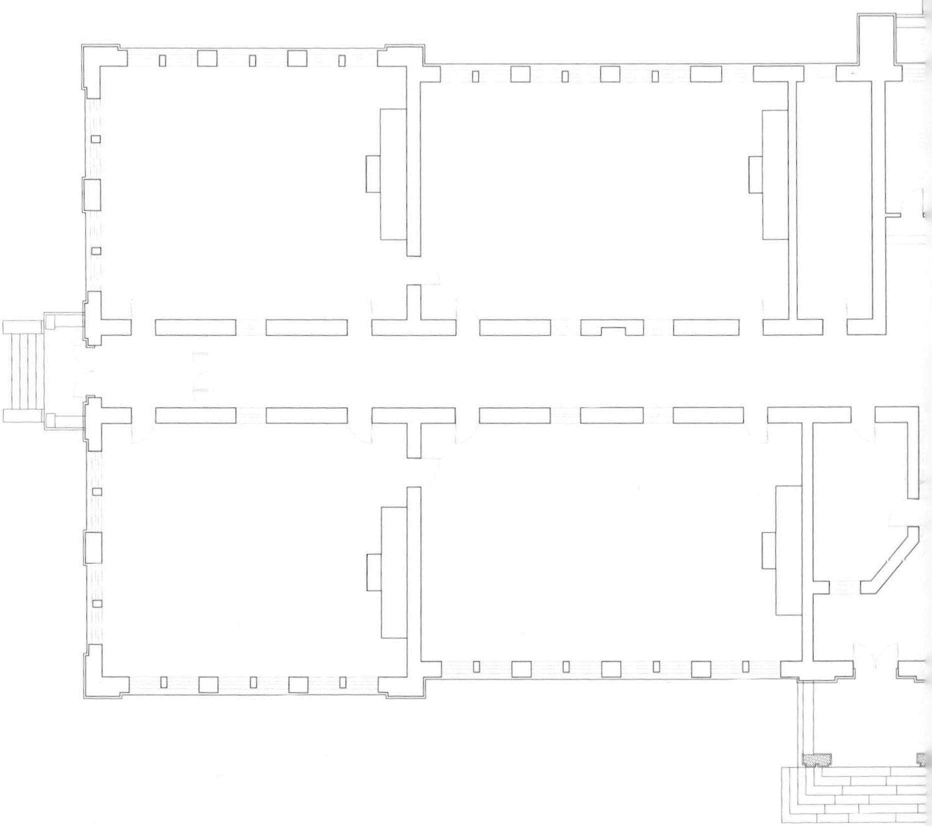

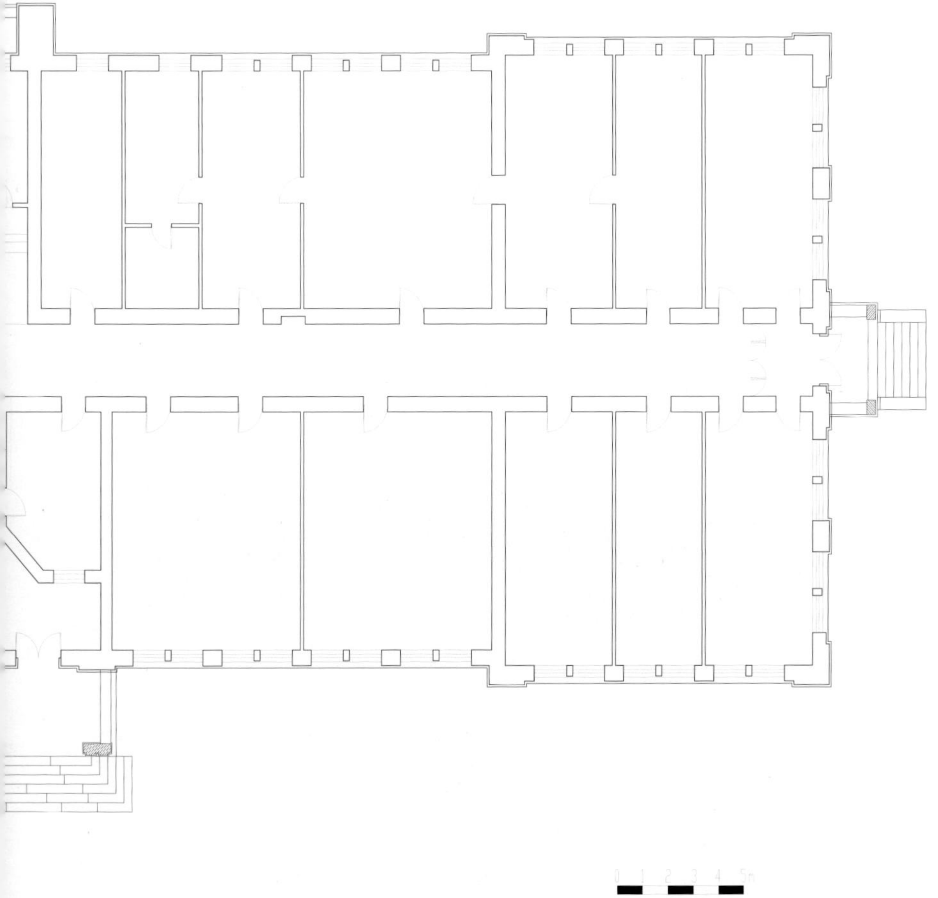

图 2-5 首层平面图

图 2-6 南大楼透视图

图 2-7 南大楼北立面图

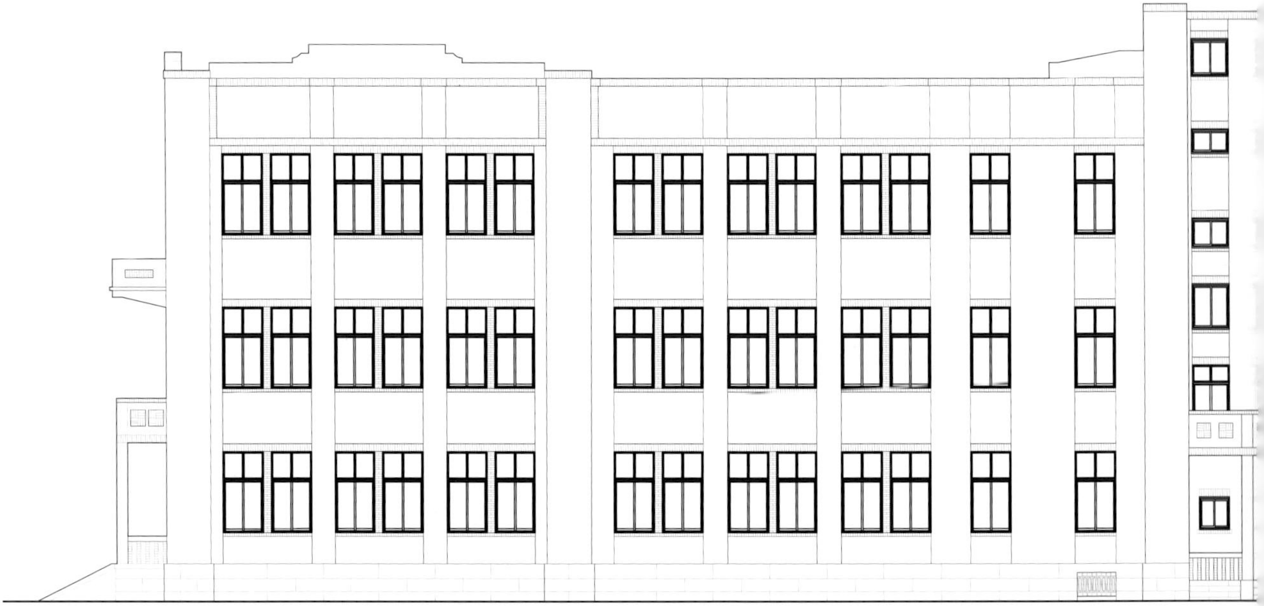

图 2-8 南大楼南立面图

學院

图 2–9

南大楼入口

图 2–10　南大楼东立面图

图 2-11 南大楼东入口

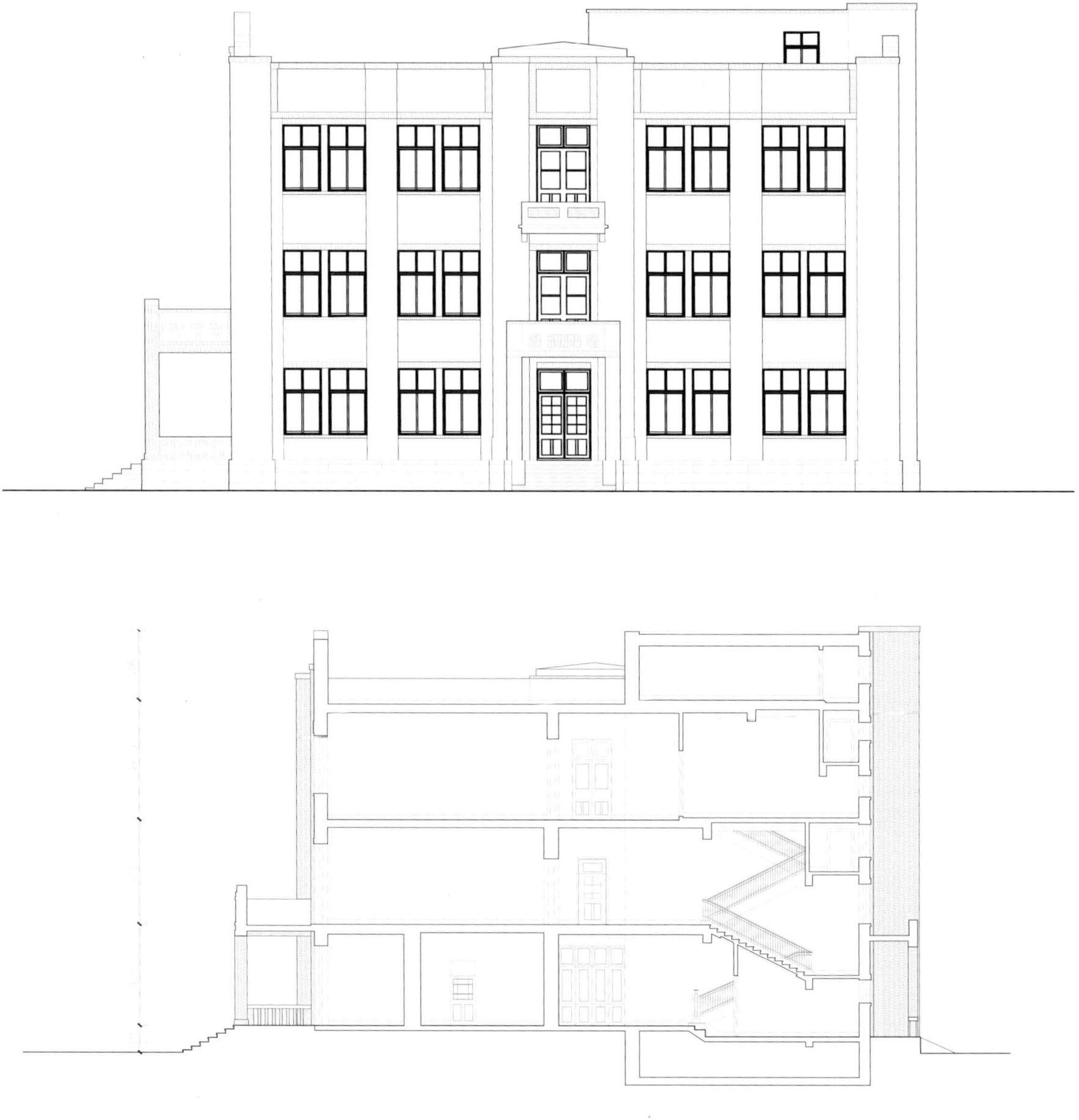

图 2–12　南大楼西立面、剖面图

图 2-13 南大楼西入口

关于南大楼的建筑布局、结构构造等，在《北洋周刊》第 38 期 (详见 附录一) 有较为详细的介绍，下面结合相关内容进行详细阐述与分析:

建筑选址：大楼地址在东操场南部，正面向北，背临大道，东西展长，南距大道六丈（20 米）余，东距河身十五丈（50 米），楼南空场，备留将来扩充。

建筑布局：初建之时，楼分三层。第一层系办公室及地质会议室等，地坪较室外高出三尺六寸（1.2 米）；第二层系讲室及各科室主任室等；第三层系绘图室；屋顶系平台。

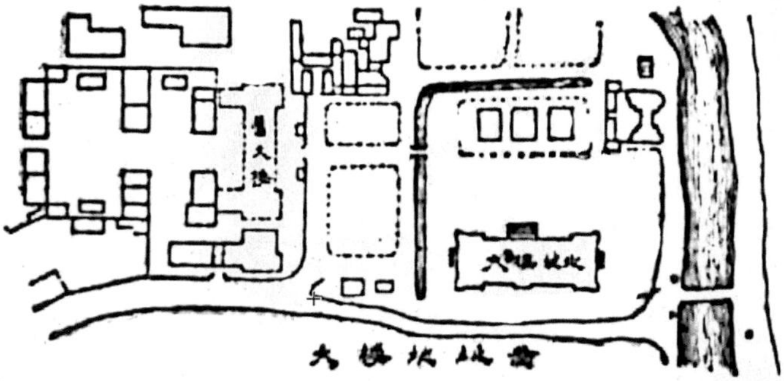

图 2–14 南大楼位置图

中部以南有晒图室及瞭望室等，以北有钟楼一座；有一层地下室，内有煤库、锅炉房、加压水机等室，全楼暖气皆由地下室供给（图 2–14 至图 2–18）。

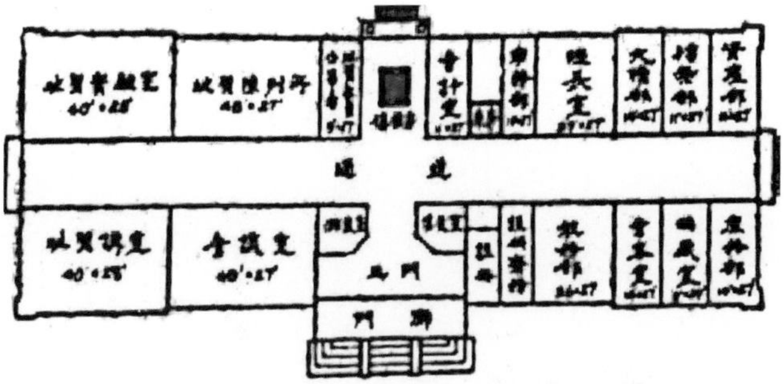

第一圖　第一層平面圖

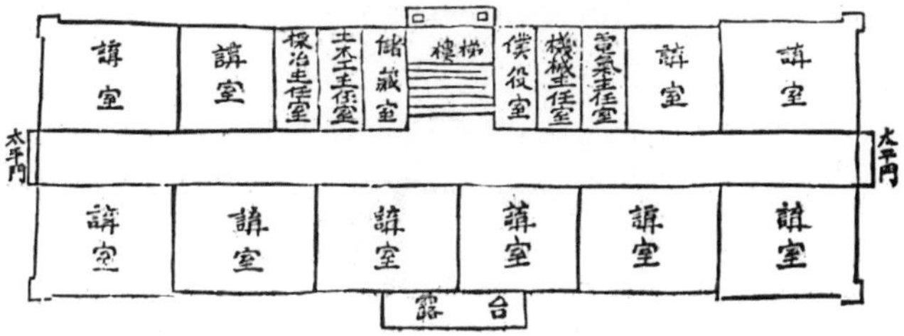

第二圖　第二層平面圖

图 2–15 南大楼一层平面图

图 2–16 南大楼二层平面图

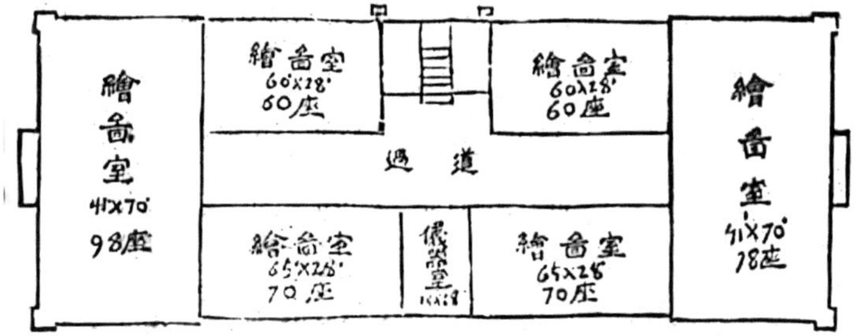

第三圖　第三層平面圖

图 2–17 南大楼三层平面图

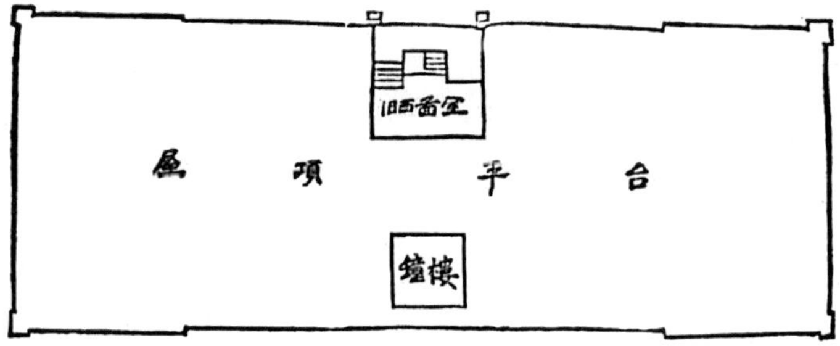

第四圖　屋頂平面圖

图 2–18 南大楼屋顶平面图

建筑现使用情况：第一层为校史馆，第二、三层为教室；楼顶仍为平台，但钟楼已不复存在；地下室因防水问题，长期有大量积水，早已不再使用。

建筑结构与构造：建筑采用钢筋混凝土板、T 字形梁、砖柱承重，隔墙使用空心砖砌筑（图 2-19、图 2-20）；混凝土中的钢筋选用结合力较强的竹节钢。因考虑隔声，楼板的 T 字形梁之间填充了空心砖。建筑采用钢筋混凝土楼板、屋面及楼梯，砖墙柱承重，皆有出于防火的考虑；疏散门（原文为“太平门”）皆向疏散方向开启。同时，在楼的东西两端设两个外开的疏散门，有简单的铁质爬梯至室外场地。

建筑设备：因煤炉用煤太多，且多灰尘，使用电炉太不经济，故使用一百马力的锅炉产生的蒸汽为全楼供暖。现蒸汽炉早已不再使用，利用市政供暖设施供暖。②

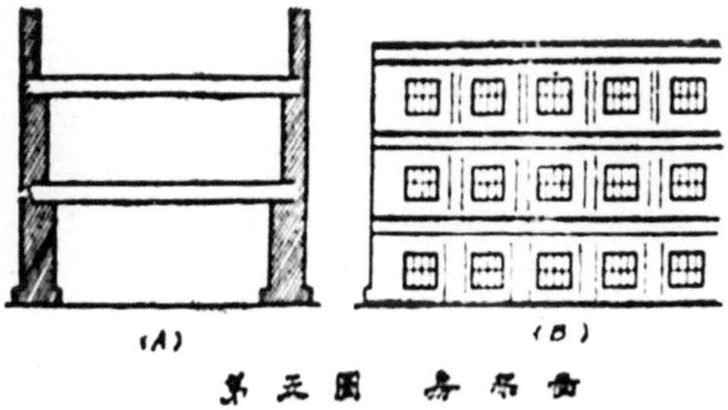

图 2-19　南大楼结构示意图

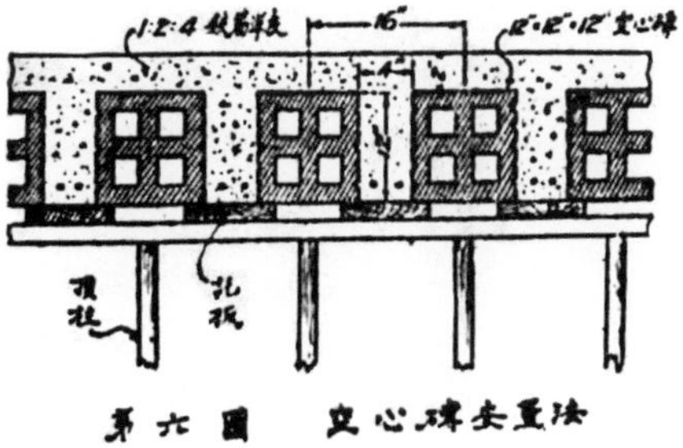

图 2-20　南大楼 T 字形梁与空心砖填充结构示意图

建筑风格特征

南大楼建成于 1933 年。20 世纪 20 年代末至 30 年代初期，在天津建筑设计领域，中国传统式样、西洋古典风格、折中主义风格共存并开始逐渐受到现代式样的影响。阎子亨这个时期的设计风格逐渐从学院派主张的西洋古典复兴风格转向现代式风格。受这两种风格影响，南大楼建筑造型同时具有古典主义与现代主义的特征。建筑外墙为红砖砌清水墙，运用西方古典主义建筑构图法，立面采用对称式布局，入口设在建筑中央位置，两侧和中央局部突出，中央屋顶处设置山花作为装饰，建筑整体隐约可以感受到古典复兴式样中横三纵五的立面划分方式。基本以挺拔的竖直线条统领整个建筑，从纵向窗之间的壁柱及竖窄墙亦可以隐约感受到古典复兴建筑中挺拔的壁柱和柱廊。建筑整体除台阶外，横向线条仅仅在窗框处通过变换砖的颜色和砌筑方式做简单处理。在主入口的设计上，仅设置一个一层的门斗，采用区别于立面色彩的砖砌材质，借助于砖的不同砌筑方式形成立面装饰，简单大方，重点突出。从整体上看，南大楼建筑风格简约、造型简洁、立面装饰典雅端庄（图 2-21 至图 2-23）。

图 2-21 南大楼立面图

图 2-22 南

建筑历史原物分析

南大楼建成八十余年，随着使用需求的变化，建筑的使用功能及布局也略有更改；为抵抗人为与自然的破坏，对建筑有过数次修缮。总体来说，南大楼的历史信息保存得较为完整，具体详述如下：

a. 建筑布局。一层、二层建筑布局基本没有变化，三层由于使用功能的改变，将原来面积较大的绘图室用隔墙分为面积较小的教室。

b. 建筑外立面。保持建造时的原貌，但由于旧有的外窗已无法满足使用需求，目前均已更换为铝合金窗。楼顶的钟楼由于地震原因已不复存在。

c. 建筑内部空间。一层因作为校史馆使用，已重新装修；二层、三层基本维持原状，部分教室地砖重新进行了铺设（图 2-24）。

工學院

图 2-23

南大楼入口

勤慎公忠

图 2-24 南大楼室内

2.2.2 北大楼

北大楼，原为北洋工学院工程实验馆，建成于 1936 年，建筑占地面积 1678.36 平方米，建筑面积 4716.81 平方米，现为河北工业大学第五教学楼（图 2-25、图 2-26）。

图 2–25 北大楼入口

图 2–26 北大楼外立面

建筑形制与构造做法

建筑为砖混结构，纵横墙混合承重，主体三层，局部四层，地下一层地上三层，屋顶为可上人平屋顶。

平面总体呈一字型布置，正中突出，两翼舒展。正中突出部分为建筑主入口，位于建筑南侧，门上牌匾“北大楼”残破，字迹剥落，门口留有两根残缺的灯杆。

入口为六角形门厅，楼道向两侧延伸，房间沿走廊两侧对称布置。一层至三层层高均为 4.60 米，一层、三层中间部分含夹层，夹层层高为 2.30 米，四层小房间层高为 3.30 米。外墙墙厚为 0.49 米，内墙厚为 0.37 米；基础为墙下条形基础，楼屋盖均为现浇钢筋混凝土板；房屋三层采用钢筋网砂浆面层加固，加固年代不详（图 2-27 至图 2-34）。

图 2-27 北大楼楼梯间

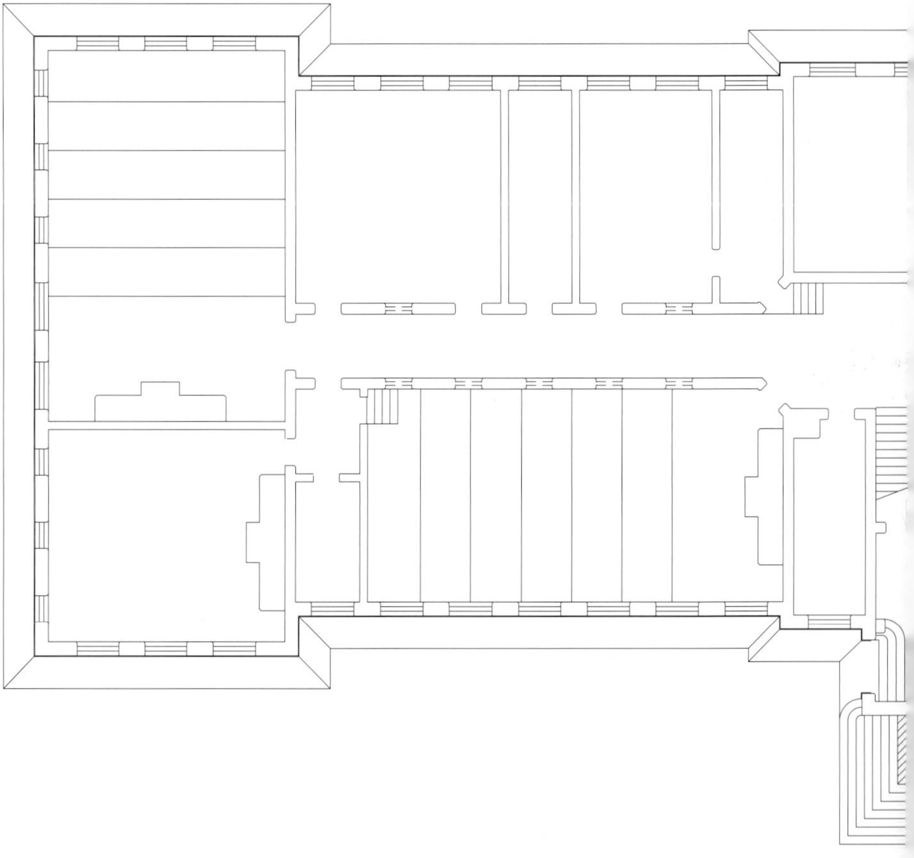

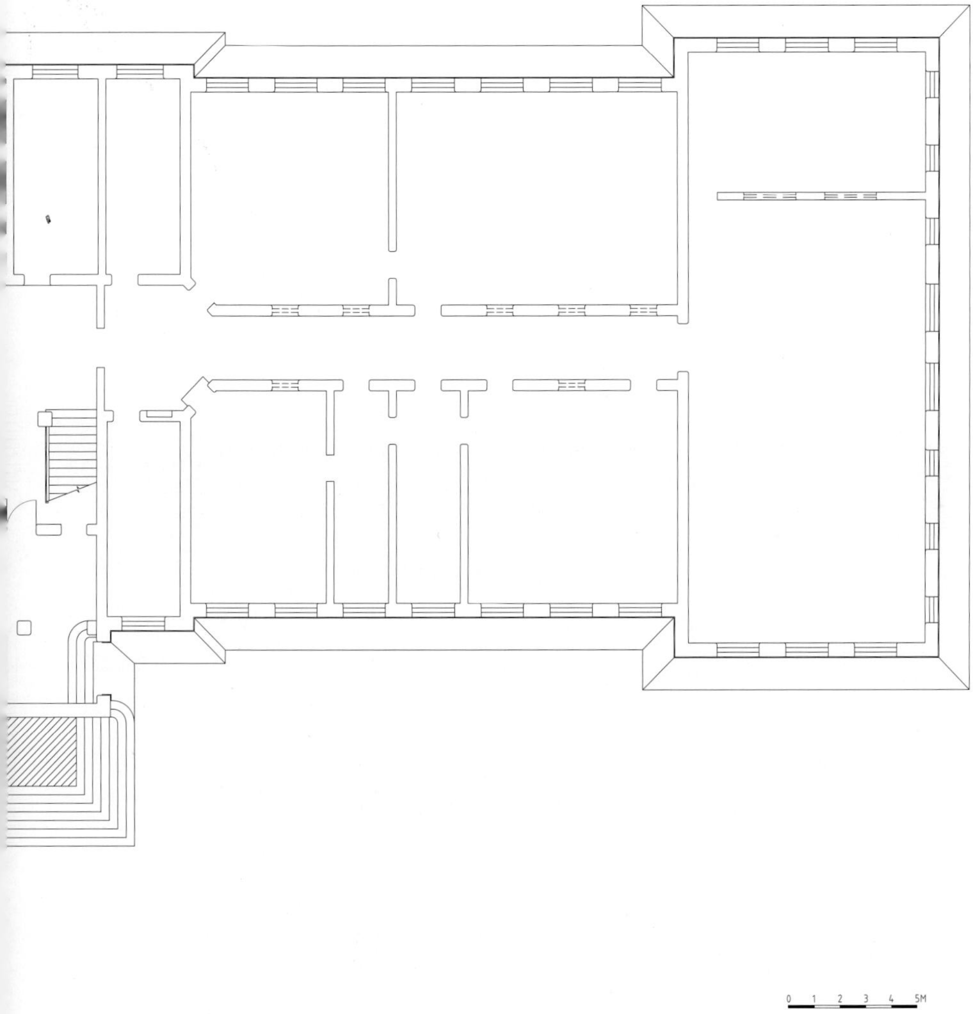

图 2-28　北大楼首层平面图

图 2–29 北大楼南立面

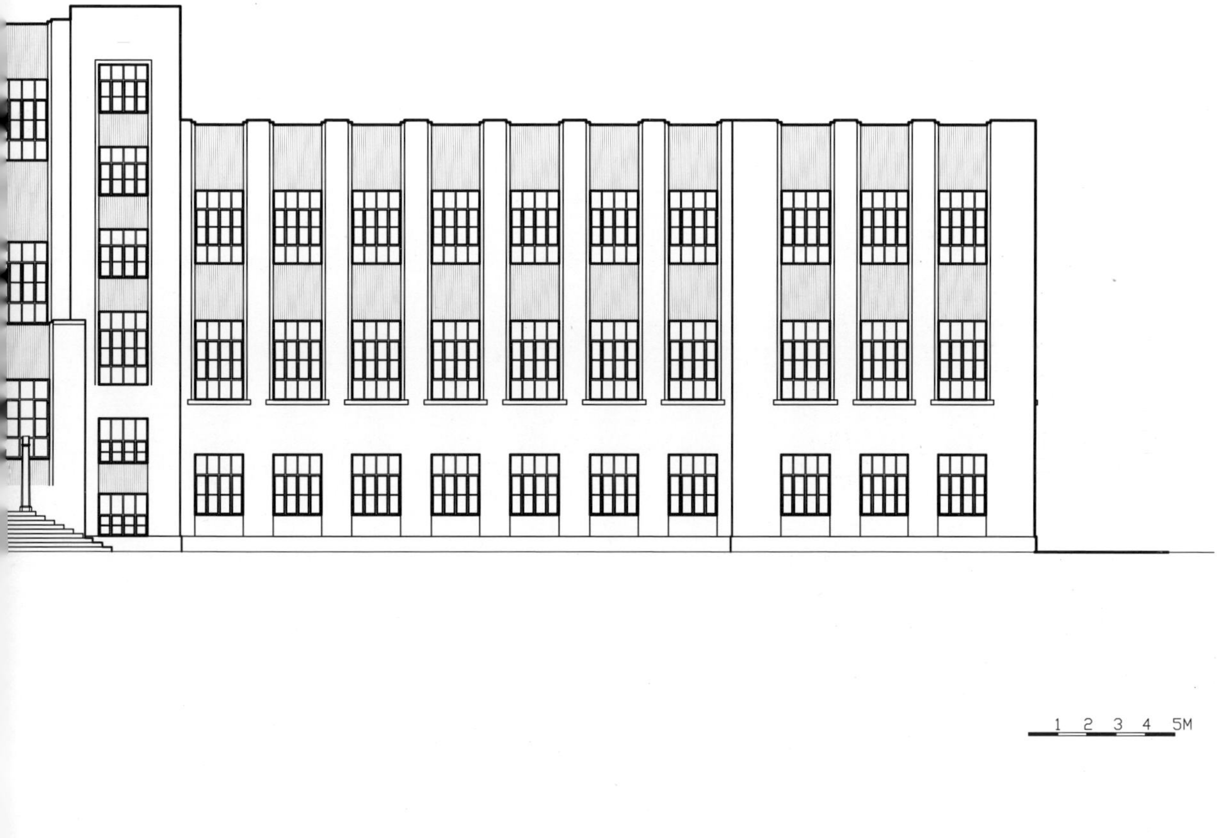

图 2–30 北大楼南立面图

图 2-31 北大楼北立面图

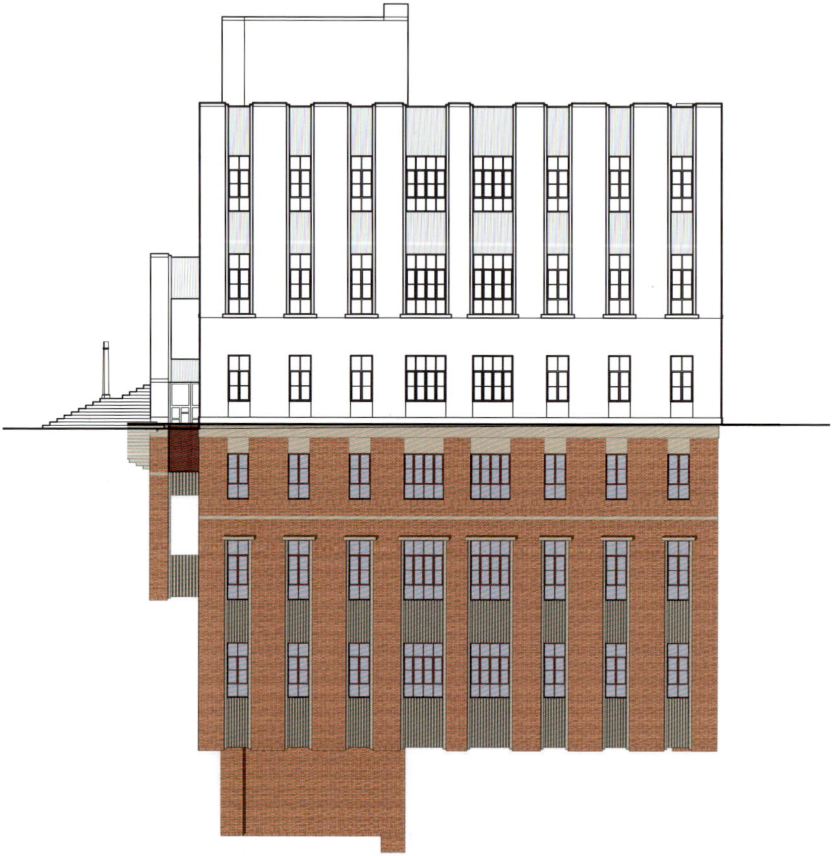

图 2–32 北大楼东、西立面图

图 2-33 北大楼南立面局部

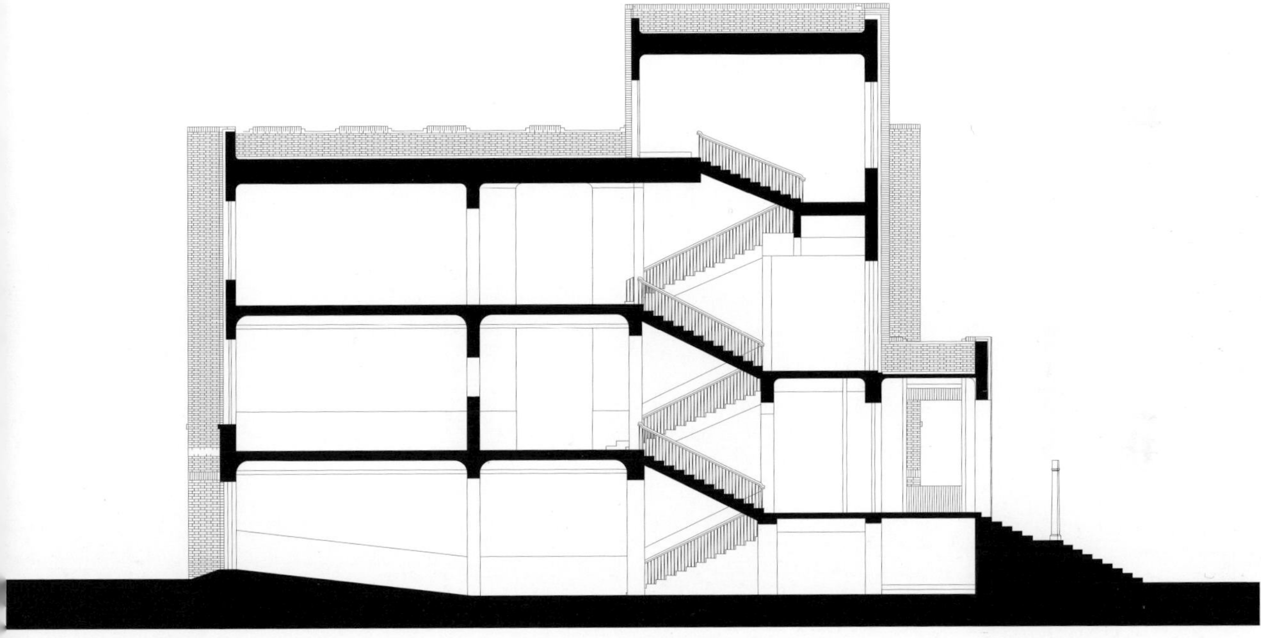

图 2-34 北大楼剖面图

建筑风格特征

北大楼建成于 1936 年，比南大楼晚三年，它同样受到西方古典主义与现代主义的影响，但与南大楼相比较，北大楼的现代主义风格更为突出。整栋建筑仍采用清水砖墙，红砖砌筑，局部采用竖向锯齿形装饰。不同于南大楼仍有局部零碎的装饰性表达，北大楼竖向线条的设计更为突出，风格更为简约。建筑立面仍为对称式布局，入口设在建筑中央位置，两侧和中央局部突出，挺拔的竖直线条统领整个建筑，基本看不到横向线条，古典复兴式样中横三纵五的立面划分方式更为弱化。窗被竖窄墙分割成竖长的形状，上面没有复杂的装饰线条，窗户面积更大，与教学楼的实际功能更加贴合。中央的主入口处通过局部抬升来突出建筑局部的体量，入口处仍设置一层门斗，风格材质与建筑整体相同。整体来看，建筑造型古朴简约，简洁明快，体现了现代式样的形式符合功能、简约经济的设计理念，同时又有装饰艺术风格的表现手法（图 2-35、图 2-36）。

图 2-35 北大楼南立面入口

图 2–36 夕阳下的北大楼

建筑历史原物分析

北大楼建成八十余年，随着使用需求的变化，建筑的使用功能及布局也略有更改；为抵抗人为与自然的破坏，对建筑有过数次修缮。总体来说，北大楼的历史信息保存得较为完整（图 2–37、图 2–38）。

a. 建筑格局。因初建时期的图纸已经遗失，现已无法同原图纸进行对比分析，但从现场勘察来看，其建筑格局应没有太大变化，基本保持原样。

b. 建筑外立面。建筑外立面虽有多处残损，但墙体部分并无大的变化； 同时由于建筑保温、隔声等要求，原有的木质窗更换为铝合金窗。除此之外，北大楼基本保持原貌。

c. 建筑内部空间。建筑室内的顶棚脚线等基本保持了原貌。

图 2-37 北大楼立面细部

图 2–38 北大楼室内

2.2.3 团城

团城位于南北大楼之间东侧，占地面积 868.28 平方米，建筑面积 515.37 平方米，为整体院落式布局，通长 30.7 米，通宽 30.6 米，院子正门在南侧。建筑为砖木结构平房，局部青瓦坡顶，青砖墙面，外墙上装饰有堞雉，室内装饰具有西洋风格，房间内设有壁炉。根据团城建筑形制特征，推测其为西沽武库遗留建筑，建造年代不详，其原有用途不明，后改造为北洋大学自来水处理厂，1929 年后改为办公用房，曾做过教职工宿舍（图 2-39、图 2-40）。

图 2–39　团城

图 2–40　团城鸟瞰图

图 2–42　团城屋顶鸟瞰图

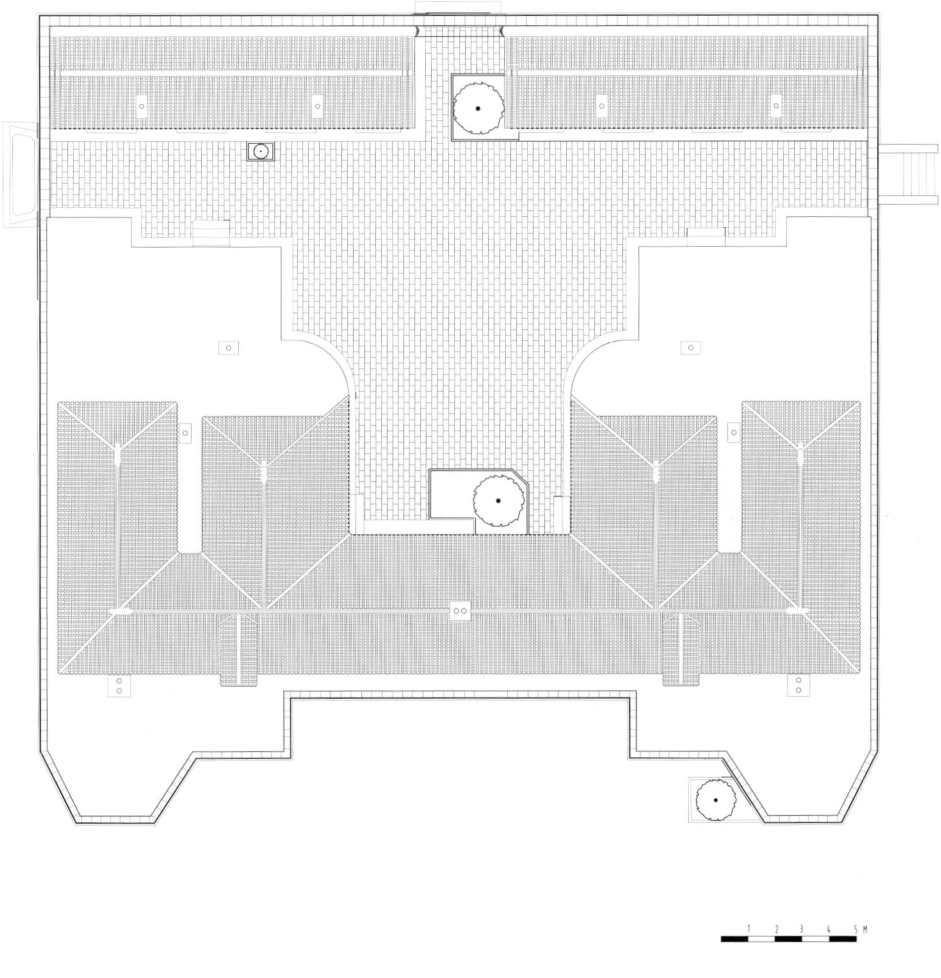

图 2-43　团城屋顶平面图

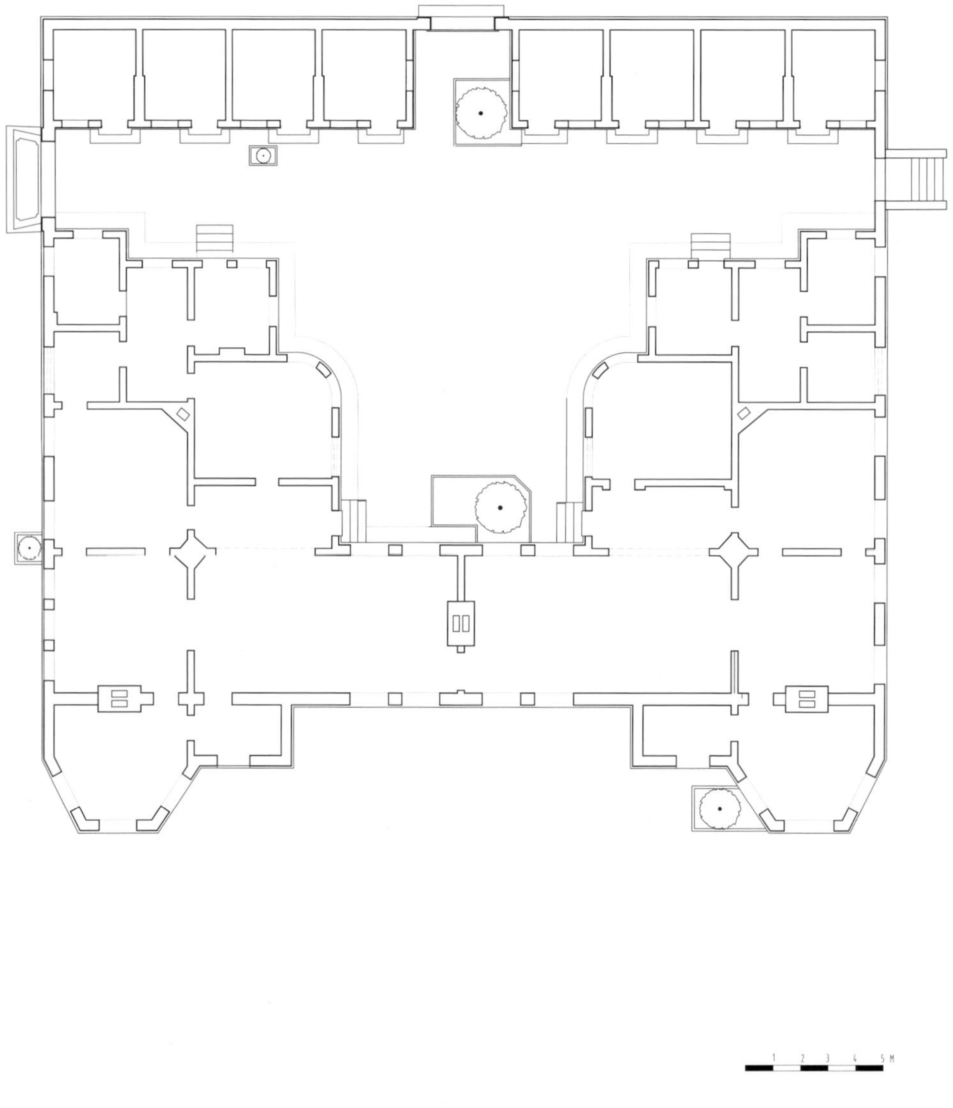

图 2-44　团城平面图

图 2-45　团城内庭院

图 2-46　团城庭院内景

图 2-47 团城局部

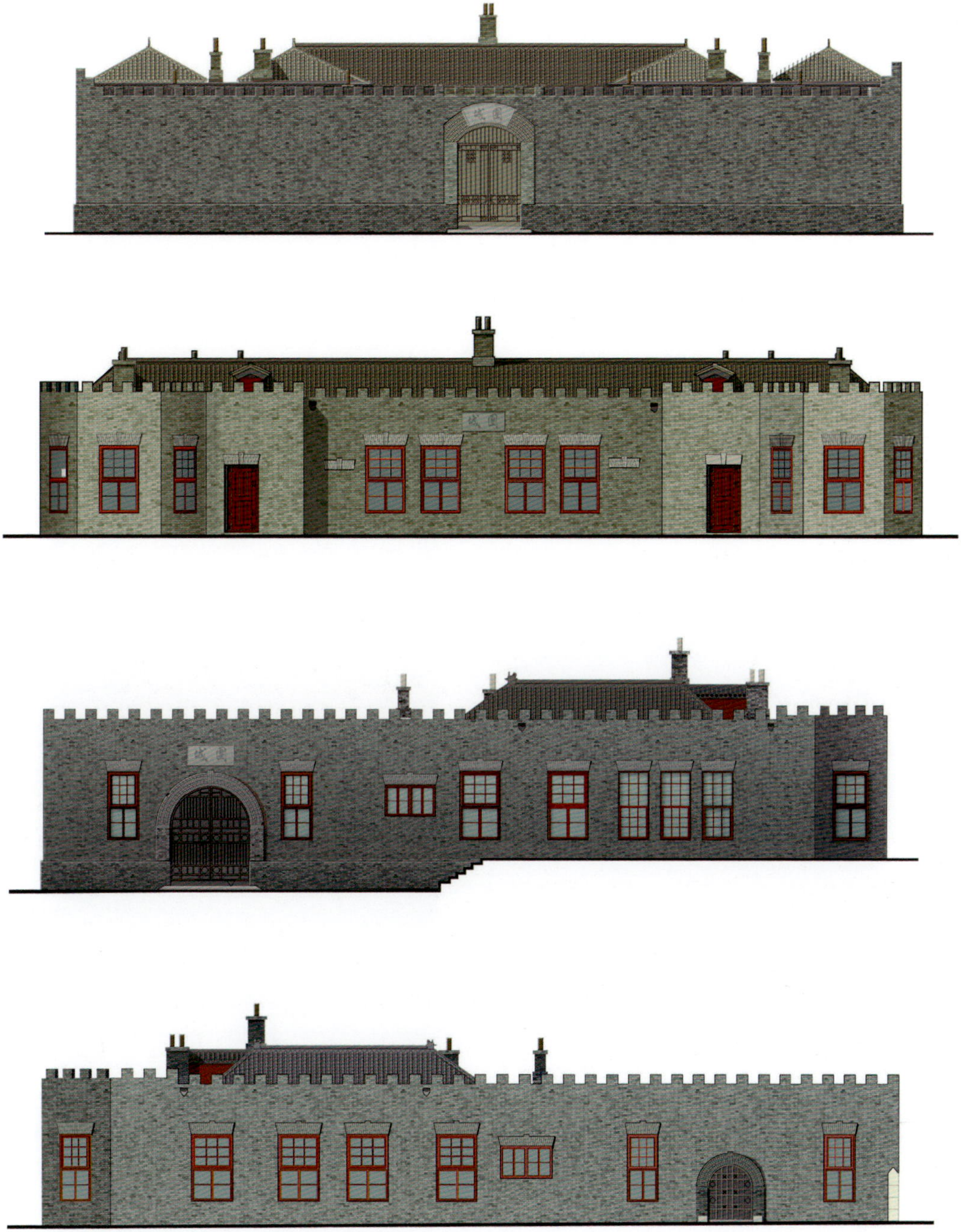

图 2-48

团城东侧立面图
团城西侧立面图
团城南侧立面图
团城北侧立面图

图 2–49　团城庭院景观

图 2-50 团城庭院局部透视图

图 2–51 团城细部

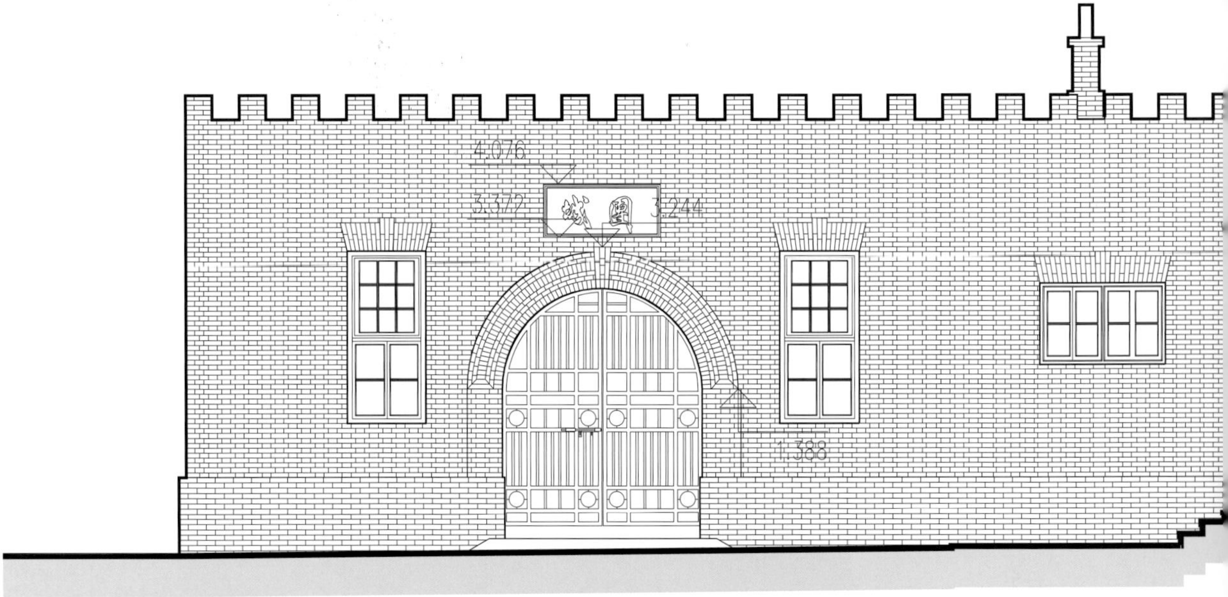
4.076
3.372
3.244
1.388

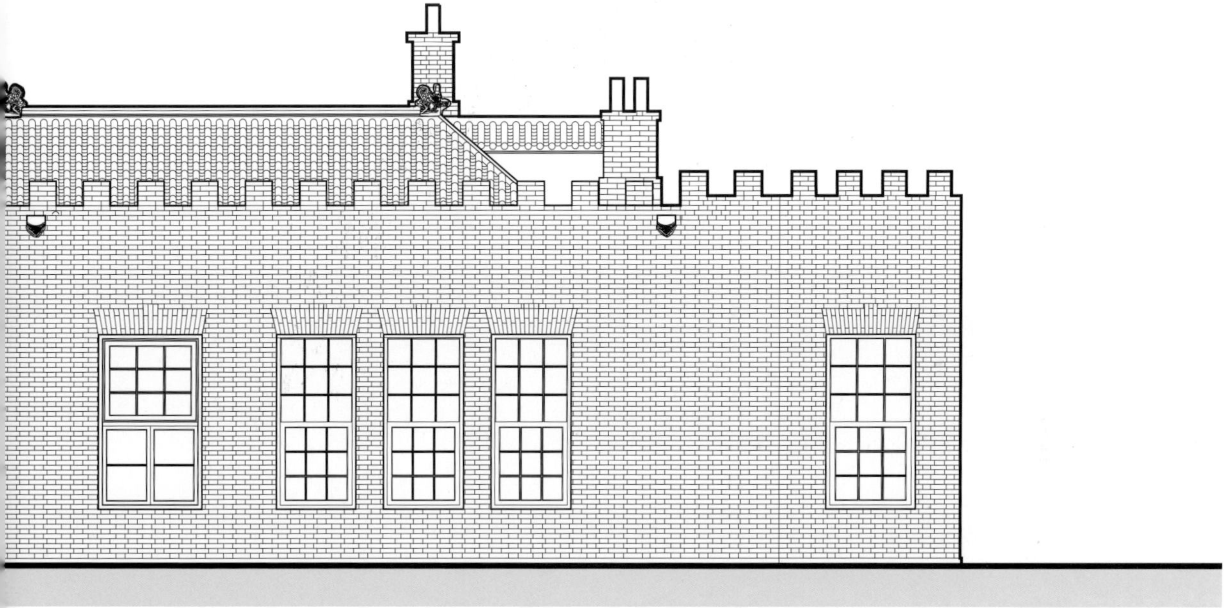

图 2-52　南侧立面图

历史原物分析

团城建成一百多年来，随着使用需求的变化，建筑的使用功能及布局略有更改，为抵抗人为与自然的破坏，对建筑有过数次修缮。总体来说，团城的历史信息保存较为完整。（图 2-53、图 2-54）

其建筑格局与历史资料图片相比较，院落格局基本保持原样，主体建筑除屋顶垛口处略有改动，其他均为原建筑造型。建筑外立面多数门窗保留了木门窗样式，还有部分初建时期的门窗被保留下来，此外，有个别外门窗在后期使用中被封堵；团城建筑内部基本经过了重新装修，部分房间保留了原有木地板。

图 2-53　南侧鸟瞰图

图 2-54 团城外部景观

2.2.4 北洋大学堂校门

北洋大学堂校门占地面积约 20 平方米，长 10.05 米，宽 2 米，由中间的双扇铁艺大门和两侧的铁艺小门构成，中间大门上部弧线形的铁架中间镶嵌着“国立北洋大学”几个字。两侧门墩全部由红砖砌筑，基座为水泥砂浆饰面层，局部有金属装饰。与南大楼主入口的砖砌装饰手法相呼应，大门两侧的门墩通过砖的叠砌形成垂直向上的线条感，塑造出细腻丰富的立面装饰效果。校门始建年代不详，后曾经有过改动。（图 2-55 至图 2-61）

图 2-55 校门外景

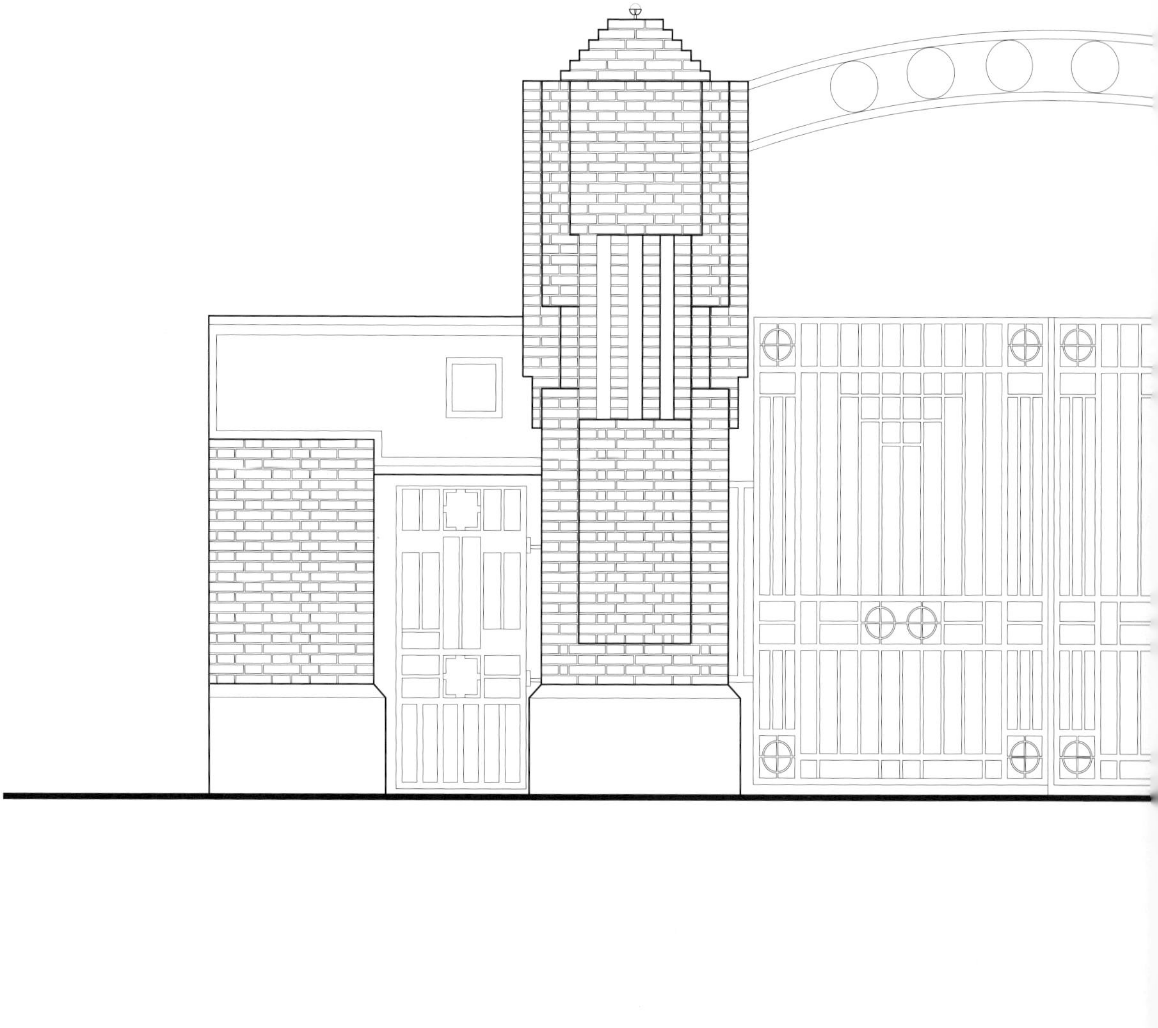

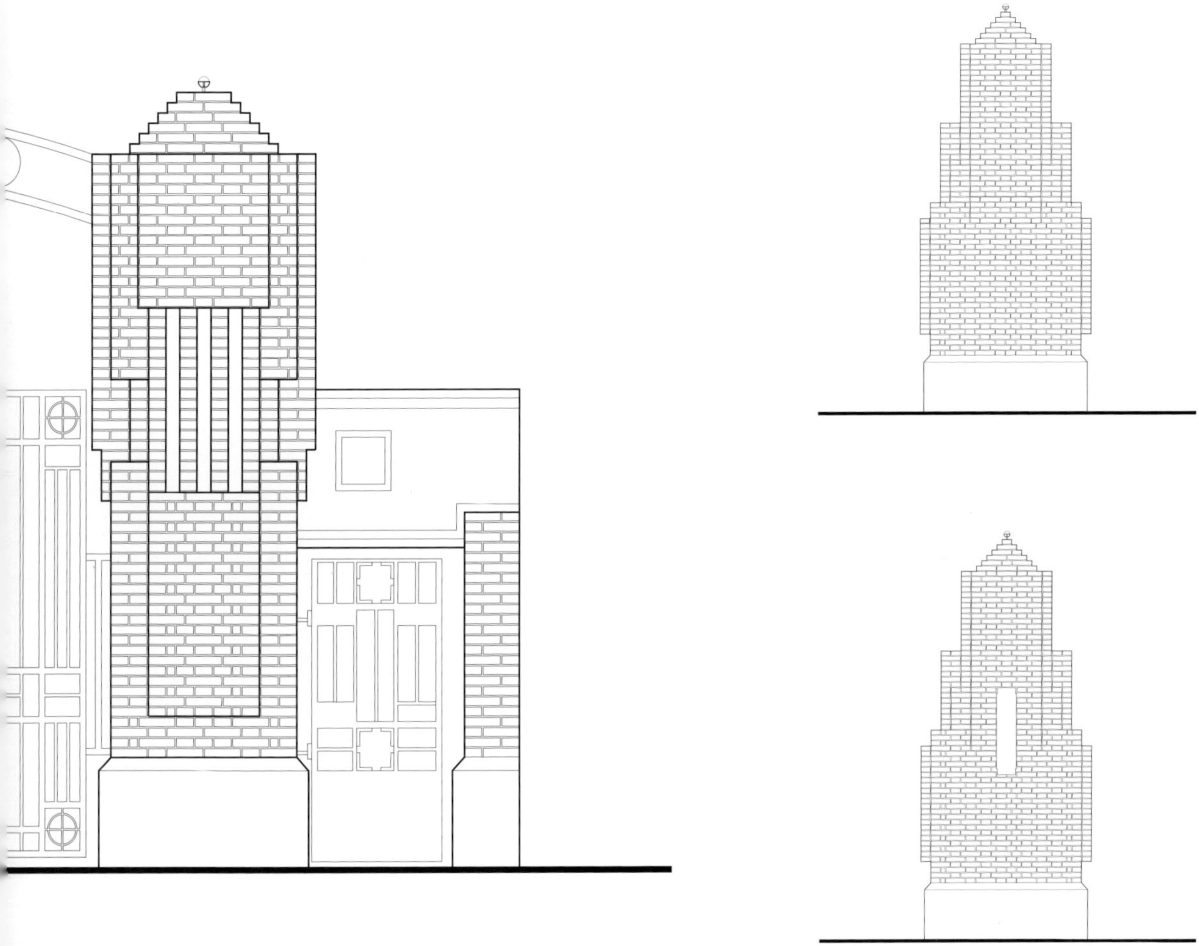

图 2-56 校门立面图

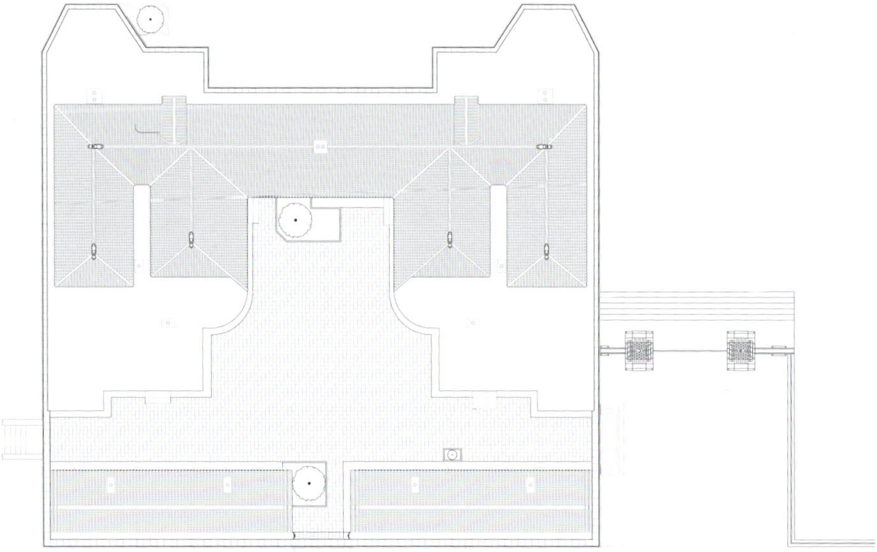

图 2–57 校门平面图

图 2–58 校门鸟瞰图

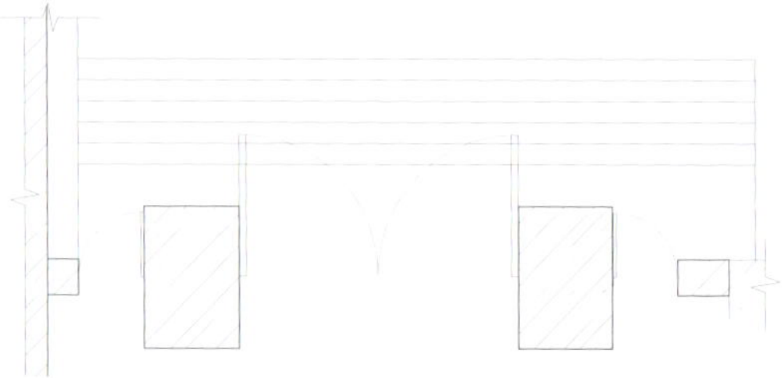

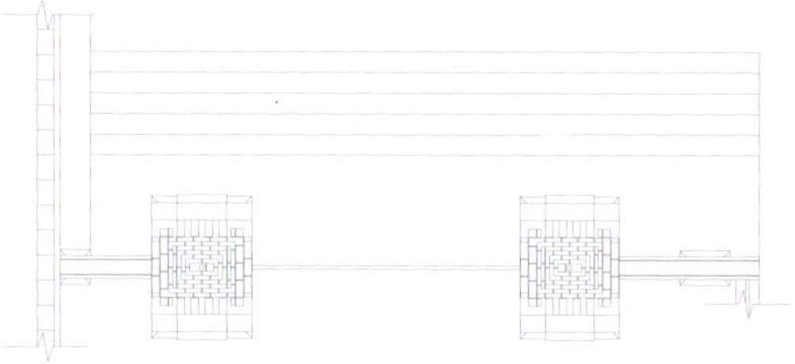

图 2-59 校门平面图

图 2-60 校门鸟瞰图

图 2–61 校门景观

图 2–62 1935 年校门照片

校门的形式曾经有过变化，具体年代不详，从历史照片可以推断时间区间为1935—1948 年（图 2–62 至图 2–64）。

图 2-63 1948 年校门照片

图 2-64 校门现状

第二章注释：

①阎子亨（1891—1973）名书通，以字行，天津人。是我国近代史上一位非常有影响力的建筑师、建筑教育家。1918 年毕业于香港大学的土木工程师，又在万国函授学校建筑系勤学四年。历任直隶省河务局防汛委员，绥远实业处技士、技正，陆军部建筑科办事。1925 年进入亨大建筑公司，继而创办中国工程司（中国近代创办较早的建筑事务所之一）。曾兼任北洋大学、河北工学院及工商学院讲师、教授、津沽大学建筑系主任，曾担任天津建筑工程学院院长。自 20 世纪 20 年代至新中国成立后，他参加各种建筑类工作，在建筑、水利、规划等相关领域都做出了较为卓越的贡献，是一位多领域、多方面都涉及的综合型建筑师。

②国立北洋大学学生自治会 . 北洋周刊第三十八期 [J]. 北洋周刊，中华民国二十一年三月二十一日，第 38 期 .

第三章 北洋大学堂旧址价值评估

北洋大学堂旧址承载了天津乃至中国高等教育发展史的重要部分，系重要的近代建筑遗产，具备多方面的价值。

3.1.2 推动中国社会近代化建设的发展

北洋大学堂培养出一批工程、司法等各界人才，对中国社会的近代化乃至现代化建设都起到了巨大的推动作用

北洋大学作为新式大学，以培养新式高级专门人才为目标，“不做八股试贴，专做策论，以备考试实在学问经济”，[④]这为先进青年探讨西洋科学技术打开了通道，中国近现代科教工程界的栋梁骨干很多都是出自该校。自其初创至 1937 年抗战西迁，前后 42 年的办学历程中共计培养大学毕业生 1763 人，研究生 3 人。他们或从事经济建设，为我国新型工业的创建和发展做出了杰出贡献；或在教育部门供职，涌现了中国近代史上的一大批专家学者和泰斗名宿；或在政府中担任要职，为近代中国的能源、交通、司法、教育、边疆开发和抗战事业的胜利等做出了辉煌成就；他们或担任外交官，在中外关系和文化交流上发挥着重要作用。而且北洋大学具有光荣的革命传统，以张太雷烈士为代表的中国共产党人为全中国的解放事业，做出了不可磨灭的贡献。

由此可见，育才数量纵然微不足道，但从质量来说，在特定的历史时期，这批学生对中国社会的近代化乃至现代化建设都起到了巨大的推动作用。

《大公报》在回顾北洋大学历史时写道：

“北洋大学在半个世纪以来的中华建国的工作中，在近代中国走向现代征途中，有其辉煌的贡献……尤以在工程界所有的领导人物及中级干部人才，多半出身北洋，卓然能自树立。在土木、采矿、冶金三部门中，任何较有规模的建设事业，更几乎都与北洋大学有不可分的关系。”⑤

国民党要员孔祥熙说：

“北洋大学是各大学的急先锋，造就人才很多，差不多我国各种维新事业，大都为北洋毕业生所创办，所经营，所领导……”⑤假如没有北洋大学，“我想，我国的维新事业，我国的文明程度，至少要落后 50年。”⑥

3.1.3 谱写中西文化交流新篇章

北洋大学堂作为近代中国为向西方学习而建立的第一所大学，其创办本身就是中西文化交流史上的一个飞跃。为更好地学习西方先进科学技术，盛宣怀在创办该校时就明确将资送留学生作为创办计划的重要组成部分：头等学堂“至第四年底，头等头班30名，准给考单挑出堂，或派赴外洋，分途历练或酌量委派洋务职事。”并对留洋的学生费用做了开支预算：头等学堂“所节省之经费，除另选二等学堂及每次考试花红外，其余积存生息，以备四年后挑选学生出洋川资经费。”[⑦]1899年第一届毕业生原拟全班派赴美国留学，后因八国联军攻占天津未能成行。

1901 年清政府资送该校王宠惠等八名毕业生赴美留学，这是中国政府向外派遣留学的首批大学生。之后一直到 1914 年，北洋大学曾先后资送过数批学生赴外深造。曾任该校校长的李书田回忆说：

“光绪末业，需才益急，时袁世凯任北洋大臣，先后资送北洋大学未毕业全班赴美留学者数次，赴日留学者亦数批，成材甚伙，多为民国以还，国家社会所倚重。我国名经济学家马寅初，名医学家刘瑞恒，名数学家秦汾，盐政名宿钟世铭、朱庭棋、马泰钧等，名金融家钱永铭，名冶金学家温宗禹、蔡远泽等，名法学家赵天麟和冯熙运等，名军事家温应星，交通名宿刘景山，名工程教育家罗忠忱，名师范教育家李建勋、齐国梁等均出此，其他不胜缕数。”⑧

1901 至 1907 年，全国官费留美学生约有 100 余人，其中北洋大学占一半以上。这批学生归国后，在 20 世纪上半期的中国历史上都发挥着举足轻重的作用。

3.2 艺术价值

南、北大楼、校门体现了建设时期现代主义与古典主义、装饰主义杂糅的艺术风格，是研究当时建筑艺术的实物样本。

20 世纪 30 年代天津地区受到新建筑运动的影响，现代主义建筑风格在天津渐渐成为主流，但西方古典主义风格亦同时存在。南大楼与北大楼都是在这个时期设计并建造的，因此这两栋建筑同时受到古典主义与现代主义的影响，对研究现代主义对天津建筑的影响有重要意义。

不同于南、北大楼的现代建筑风格，团城是典型的中国传统建筑风格。团城原为西沽武库时期存留下的建筑，作为清军防御练兵之所，其建筑特点为典型的清代屯堡建筑。团城作为现在天津市内存留的清代防御建筑有着极高的历史与艺术价值。

3.3 科学价值

建筑采用当时常用的材料、技术及设备，对于研究当时建筑技术发展有着重要的历史意义。下面以南大楼为例进行分析（具体图文在现状描述部分，本章不再重复叙述）:

（1）选址：建筑选址综合考虑了建筑本体的安全和耐久性，以及校园未来的规划发展。建筑距离东侧南运河有十五丈（50 米），是考虑到建筑防水的需要；建筑南面预留空场，以备今后有扩充之需。

（2）建筑布局：建筑的平面设计充分考虑了当时学生及教师对于教学楼功能的使用要求，建筑各层分区明确，平面布局合理，且方便日常使用。一层、二层主要为教室、办公室等，三层绘图室与屋顶晒图室联系紧密，蒸汽锅炉等辅助机器设备安放于地下室内。

（3）结构与构造：综合考虑建筑安全性、使用功能及造价，建筑采用砖墙柱承重、钢筋混凝土楼板、T 字形梁，隔墙使用空心砖；楼板的 T 字形梁之间填充了空心砖，以便隔声。

（4）消防：建筑采用钢筋混凝土楼板、屋面及楼梯，砖墙柱承重，并设置疏散门，皆有出于防火的考虑。

（5）设备：建筑采用一百马力的锅炉产生的蒸汽供暖。

3.4 社会价值

南、北大楼及团城自建成经历百年风雨，现在仍作为河北工业大学的教学、办公设施使用，并且将持续发挥它的使用价值。

作为旧时北洋大学堂校园留存下来的建筑，南、北大楼及团城也承担着延续并展示中国近代高等教育历史的职责。北洋大学堂历史上曾培养出大批高级专门人才，造就了许多成绩卓著的专家、学者。在我国采矿、冶金、土木、水利、机械工程事业的创建上，在电机、纺织、石油、化工、航空事业的发展上，在法律、外交和教育等工作上，都做出了巨大贡献；在以学生为主体的爱国民主运动方面，北洋大学具有光荣的传统，涌现出一批革命先驱，其社会影响力巨大。

此外，团城东侧立面作为北洋园的一部分，其建筑与北洋园的景观相互照映，与其新建的公园景观及北运河景构成北洋园的重要景观要素，使历史景观与城市文化融为一体。不仅是历史遗产，同样也是重要的城市记忆载体与人文精神的载体，使游客、市民和师生都能深刻感受其厚重的大学文化传承。

第三章注释:

① https://baike.baidu.com/item/ 北洋大学 /1158368?fr=aladdin

②宗文举, 张宝运 . 中国近代教育史上的创举——北洋大学的建立及其历史意义 [J]. 天津大学学报 (社会科学版)，2005(05):345-349.

③中国第一历史档案馆编 .《中国近代第一所大学——北洋大学 (天津大学) 历史档案珍藏图录》[M]. 天津 : 天津大学出版社，2005.

④学工部、校友会 . 北洋大学—天津大学校史简编 [M]. 天津：天津大学学工部，2001

⑤宗文举, 张宝运 . 中国近代教育史上的创举——北洋大学的建立及其历史意义 [J]. 天津大学学报 (社会科学版)，2005(05):345-349.

⑥王杰 . 北洋大学堂与中国近代高等教育的缘起 [J]. 高教探索，2008(06):74-80.

⑦宗文举, 张宝运 . 中国近代教育史上的创举——北洋大学的建立及其历史意义 [J]. 天津大学学报 (社会科学版)，2005(05):345-349.

⑧王玉国 . 丁家立与北洋大学堂 [J]. 天津大学学报 (社会科学版)，2003(01):71-76.

下篇

北洋大学堂旧址建筑测绘图

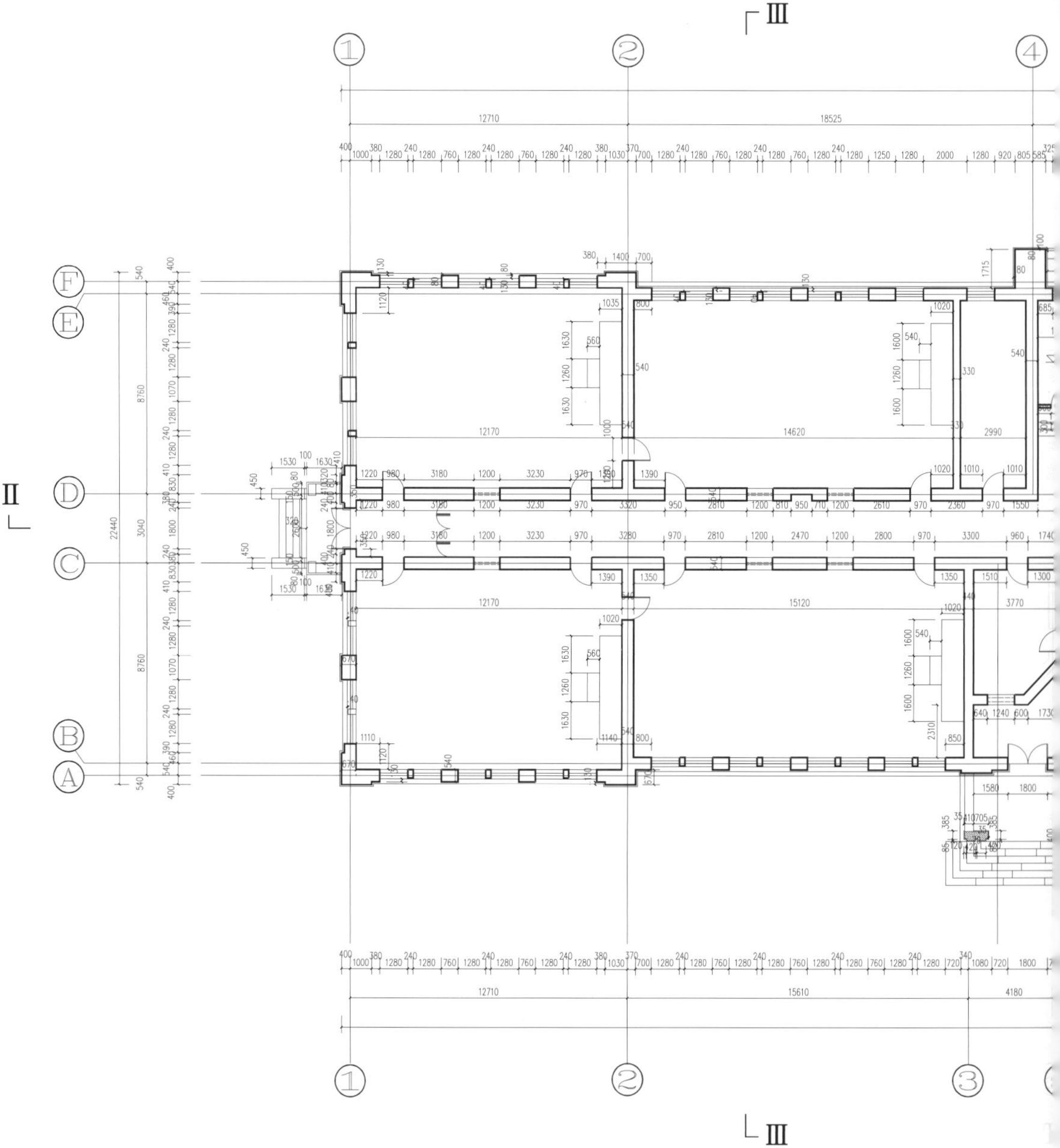
III
①
②
④
③
A
B
C
D
E
F
II
12710
18525
15610
4180
12170
14620
15120
22440
8760
3040
8760

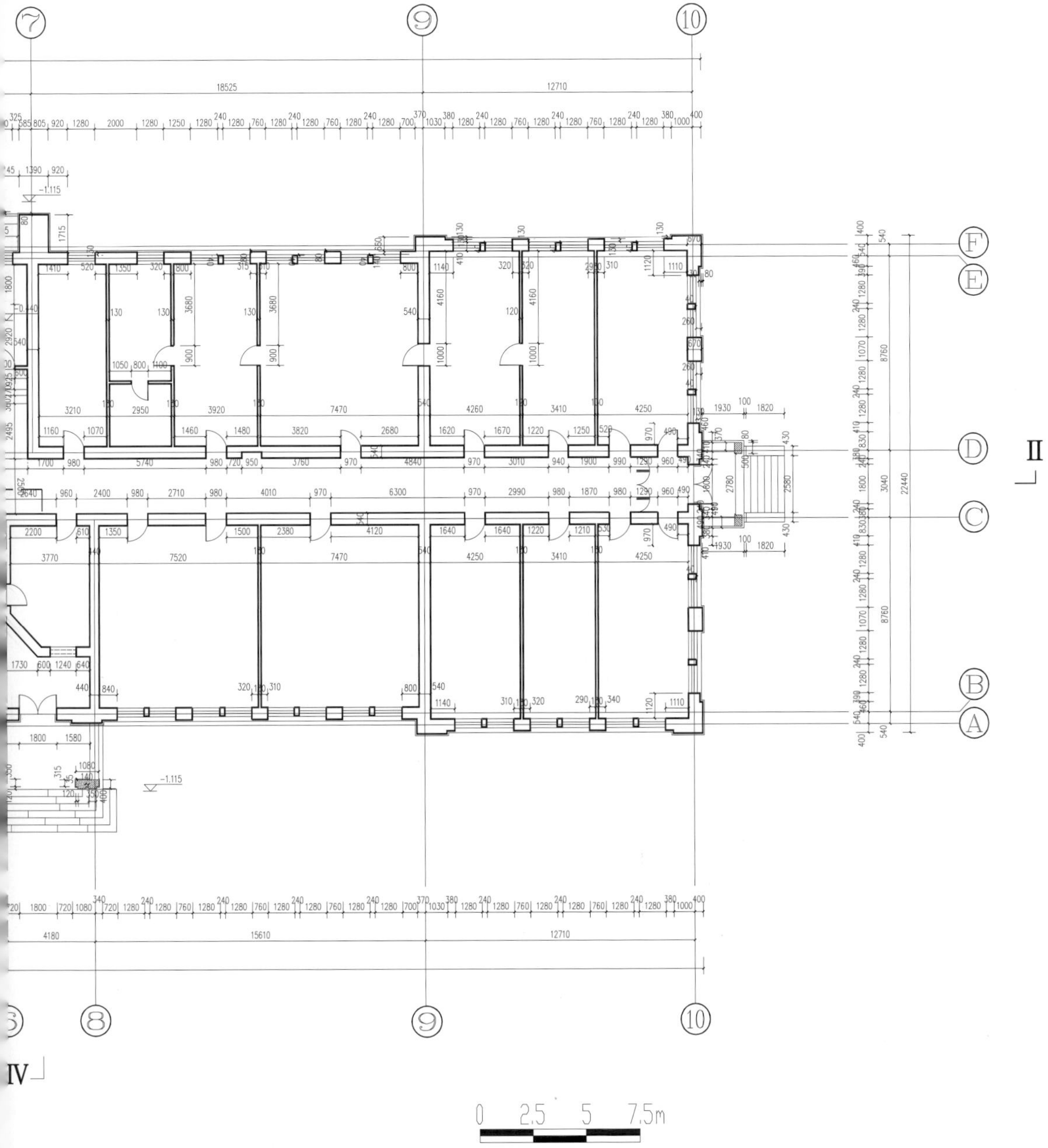

7
9
10
18525
12710
F
E
D
C
B
A
Ⅱ
22440
8760
3040
−1.115
4180
15610
8
Ⅳ
0 2.5 5 7.5m

南大楼一层平面图

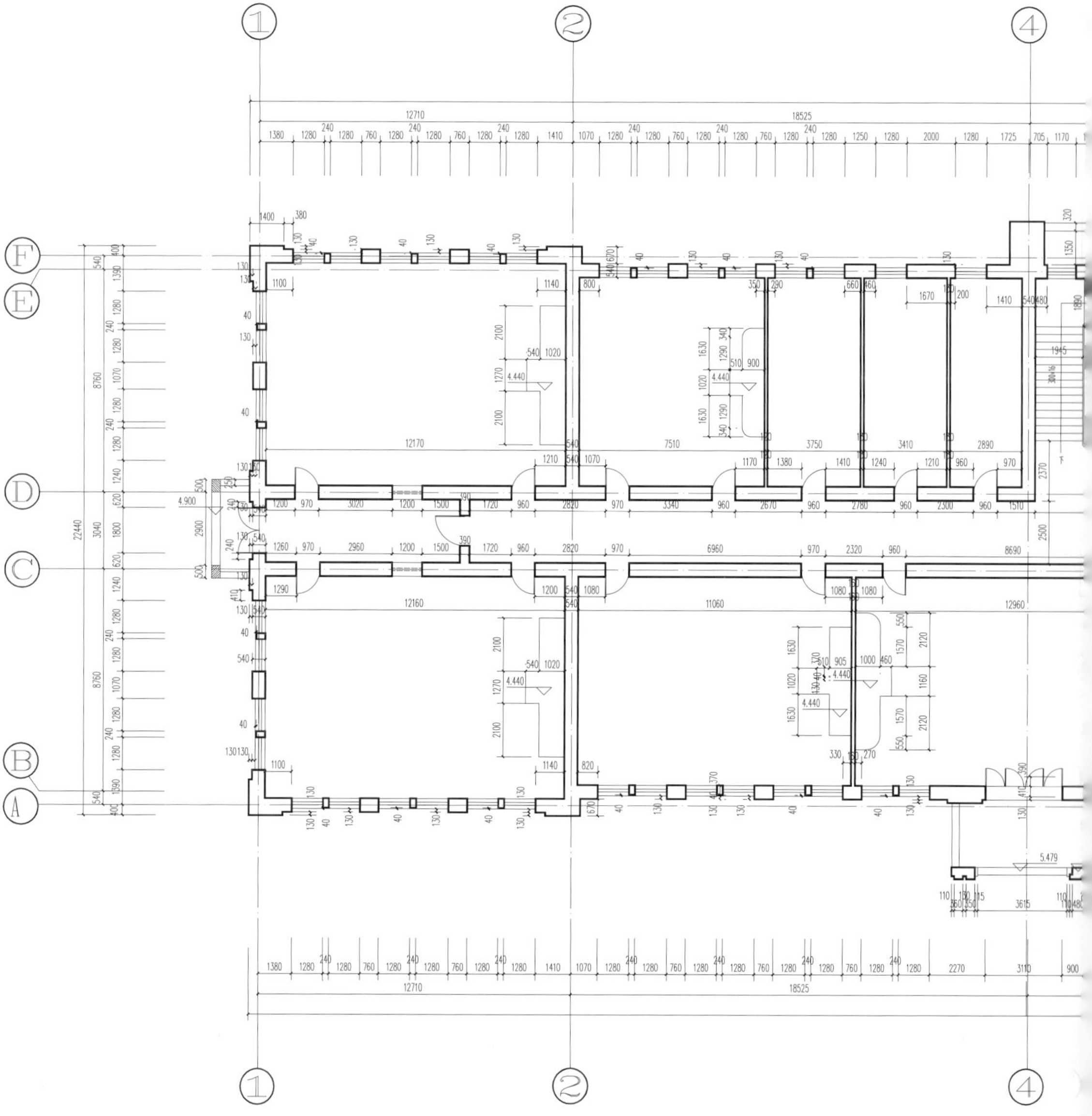
1
2
4
F
E
D
C
B
A
12710
18525
22440
8760
3040
8760
4.900
4.440
5.479
12170
12160
11060
12960
7510
3750
3410
2890
6960
8690

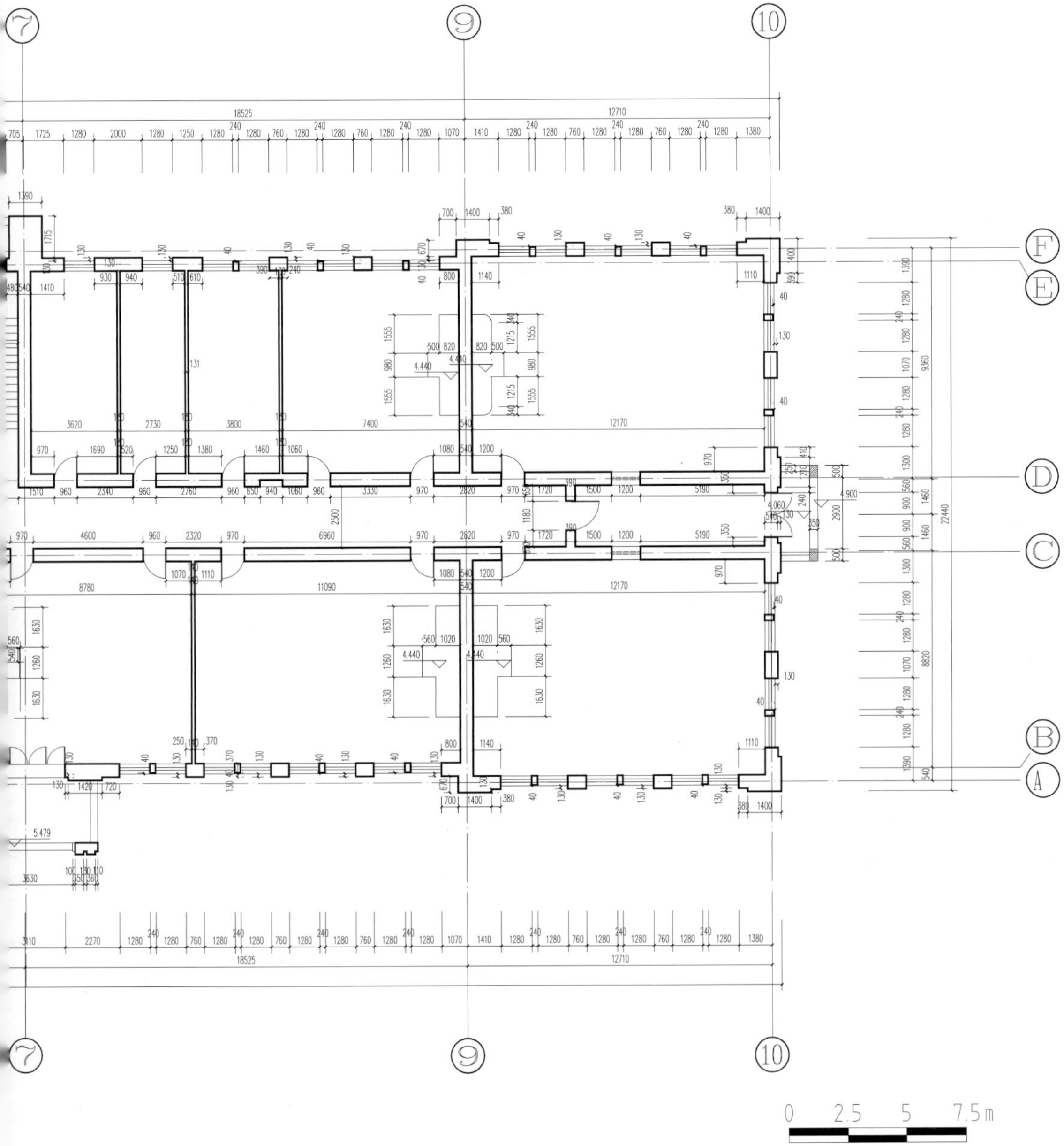

南大楼二层平面图

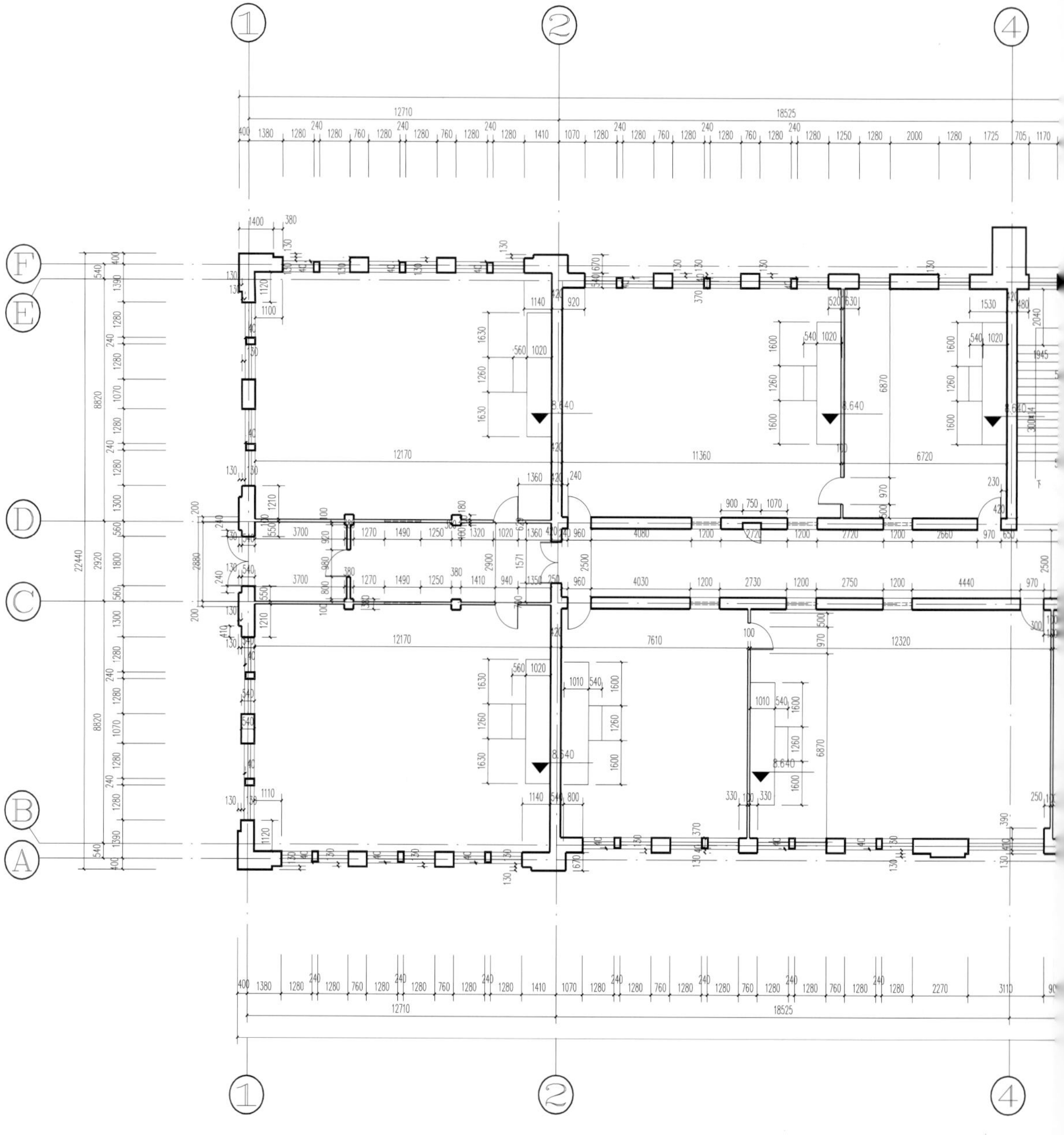
1
2
4
12710
18525
F
E
D
C
B
A
22440
8820
2920
8820
12170
11360
6720
7610
12320
6870
8.640

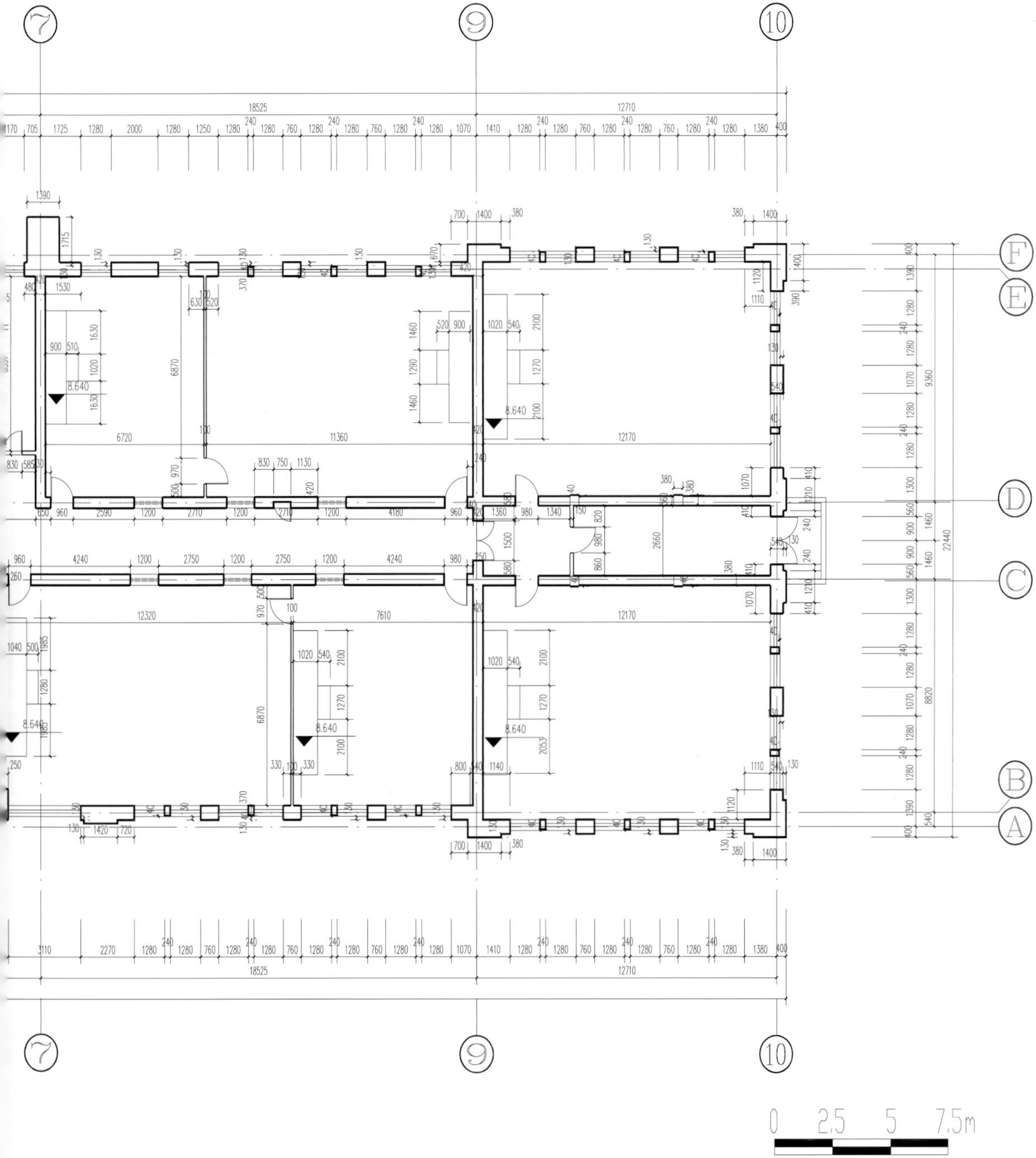

南大楼三层平面图

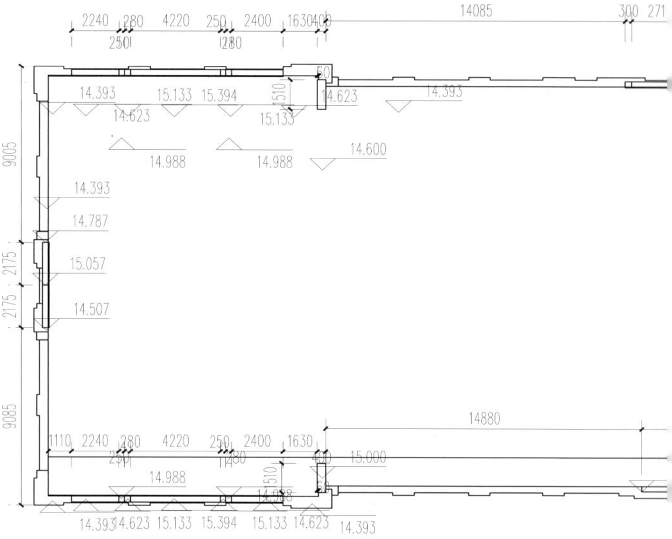
2240
280
4220
250
2400
1630
400
14085
300
271
9005
2175
2175
9085
14.393
15.133
15.394
14.623
15.133
14.988
14.988
14.600
14.393
14.787
15.057
14.507
14880
1110
2240
280
4220
250
2400
1630
15.000
14.988
14.393
14.623
15.133
15.394
15.133
14.623
14.393

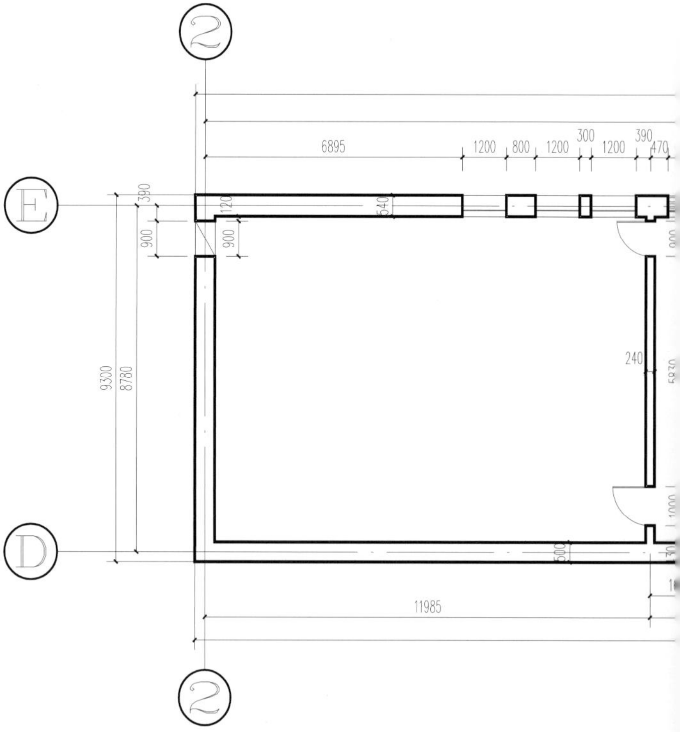
2
E
D
6895
1200
800
1200
300
1200
390
470
390
900
900
9300
8780
240
11985

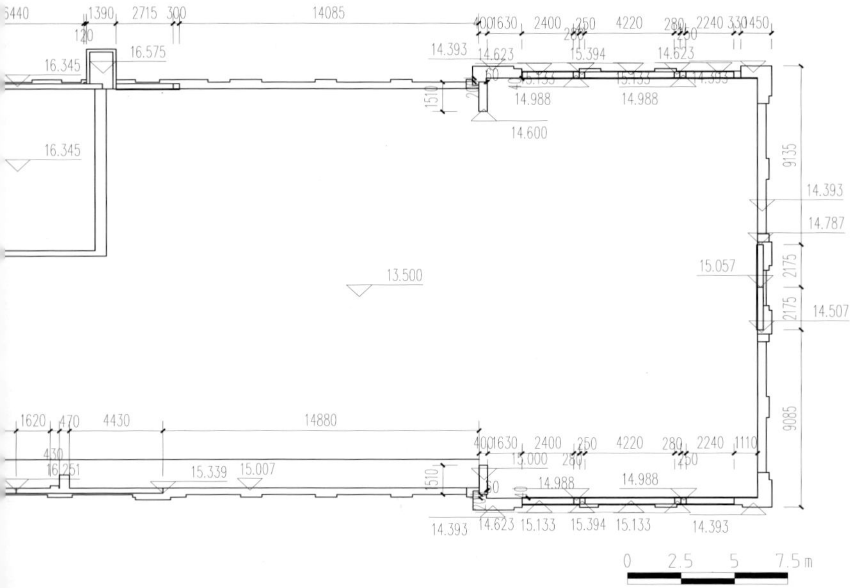

南大楼屋顶平面图

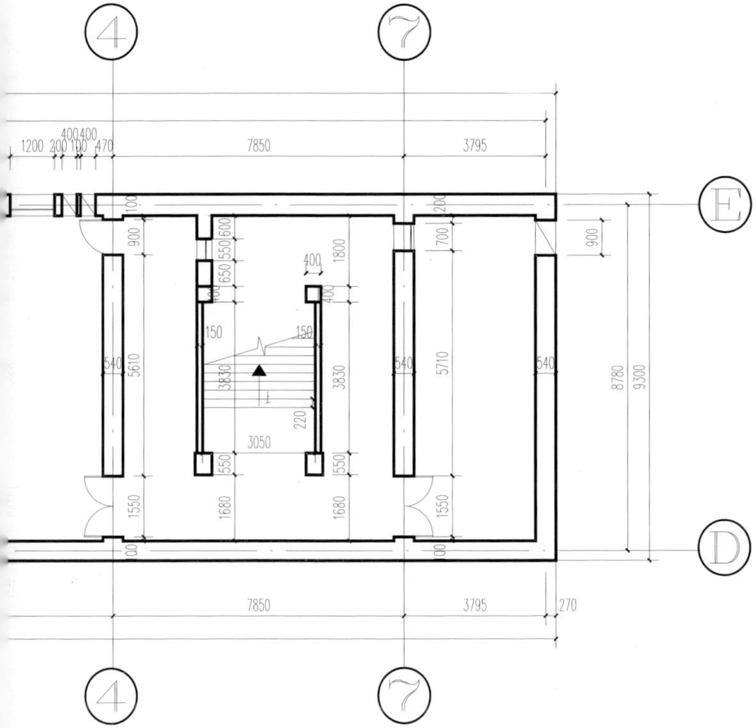

南大楼地下室平面图

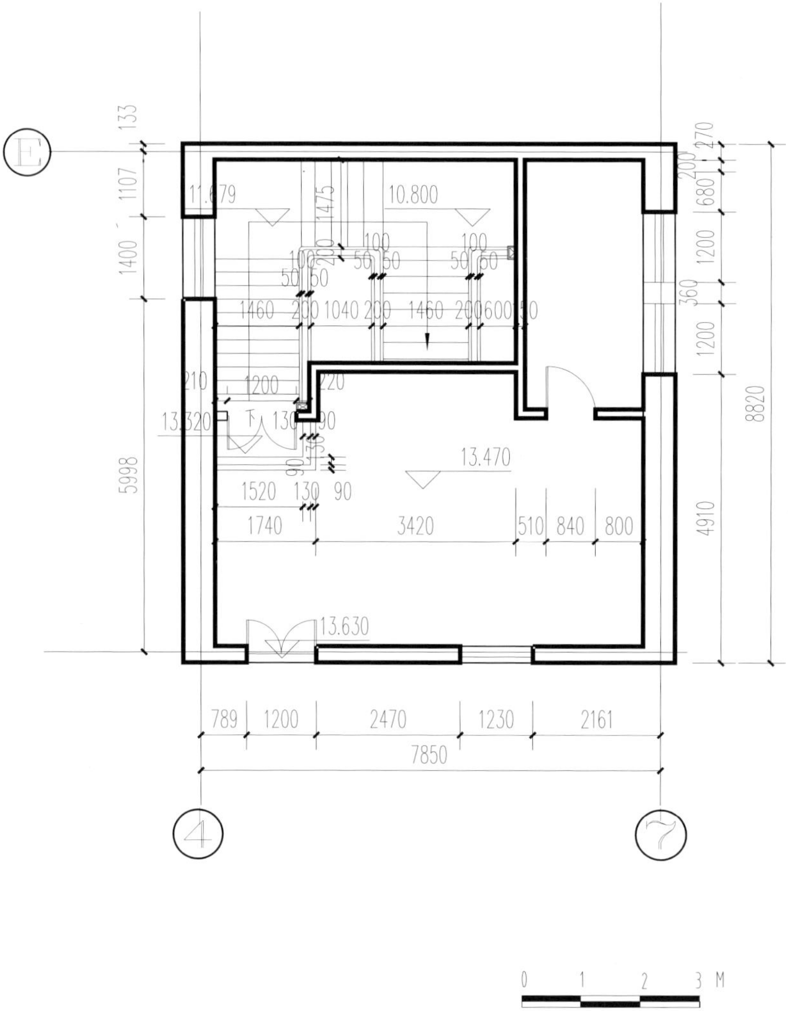
E
4
7
11.679
10.800
13.320
13.470
13.630
789
1200
2470
1230
2161
7850
133
1107
1400
5998
270
200
680
1200
360
1200
4910
8820
1475
1460
1040
1460
1740
3420
510
840
800
1520
130
90
0 1 2 3 M

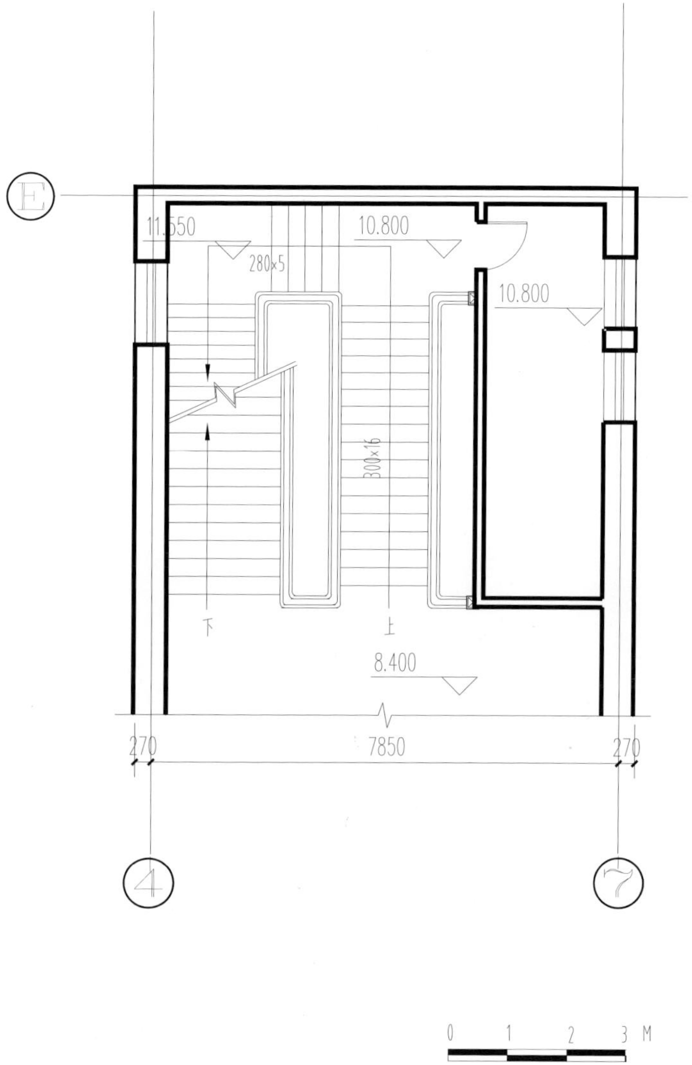

南大楼顶层阁楼平面图

14.620
15.170
14.700
15.245
14.240
16.575
14.855
12.590
12.480
12.000
9.590
9.040
7.900
7.460
4.900
3.585
0.820
±0.000
−1.115
1

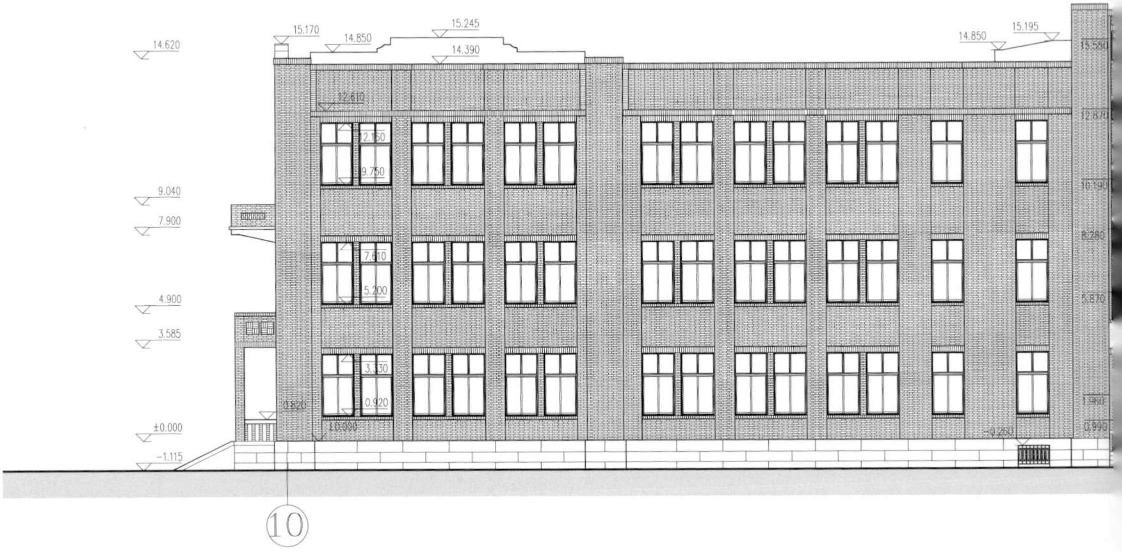
14.620
15.170
14.850
15.245
14.390
14.850
15.195
15.580
12.610
12.870
12.150
9.750
10.190
9.040
7.900
8.280
7.610
5.200
5.870
4.900
3.585
3.330
0.920
0.820
1.960
±0.000
0.990
−0.260
−1.115
10

0 2.5 5 7.5m

南大楼正立面图

0 2.5 5 7.5m

南大楼南立面图

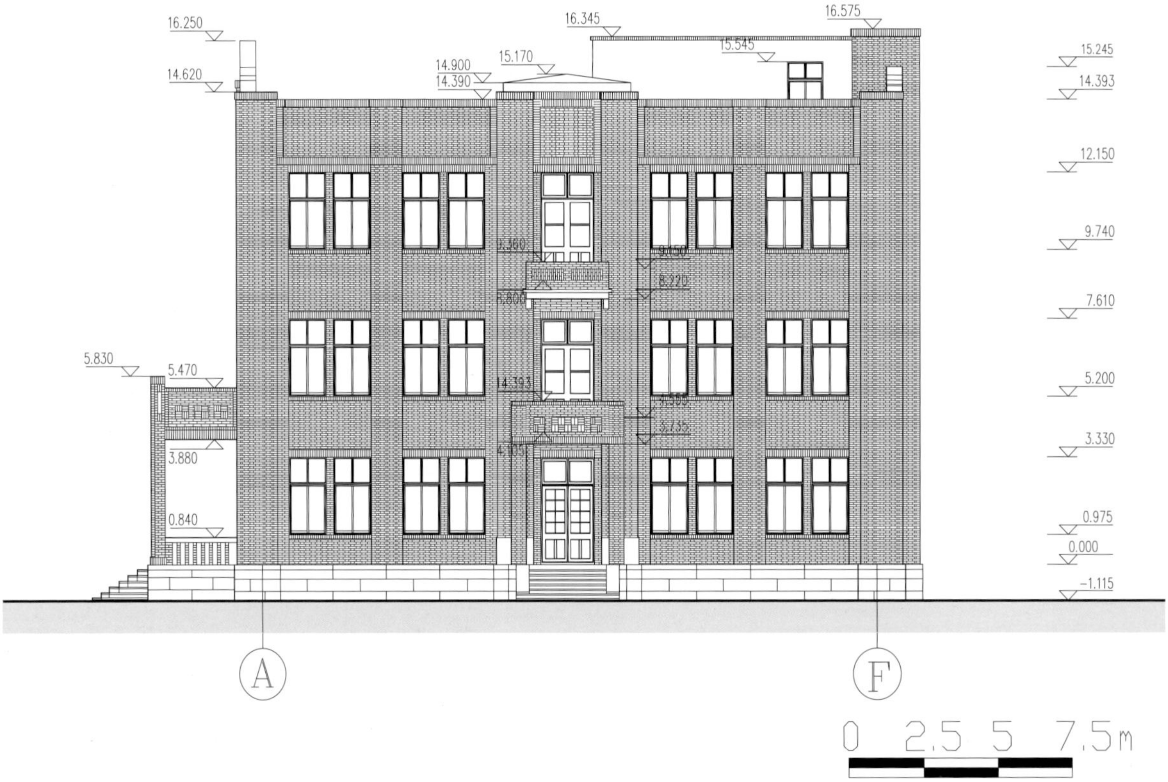
16.250
14.620
14.900
14.390
15.170
16.345
15.545
16.575
15.245
14.393
12.150
9.740
8.220
7.610
5.830
5.470
5.200
3.880
3.330
0.840
0.975
0.000
-1.115
A
F
0 2.5 5 7.5m

Ⓐ—Ⓕ 立面图

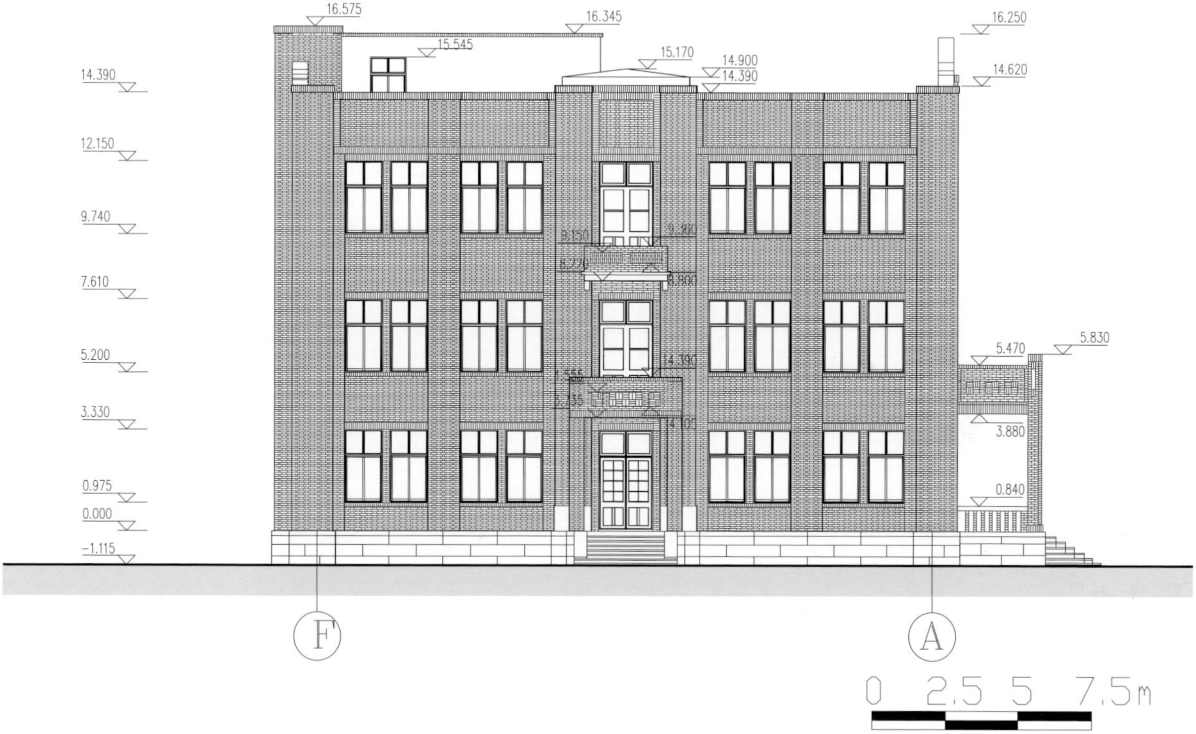
16.575
16.345
15.545
15.170
14.900
14.390
16.250
14.620
14.390
12.150
9.740
7.610
5.200
3.330
0.975
0.000
-1.115
5.470
5.830
3.880
0.840
F
A
0 2.5 5 7.5m

Ⓕ — Ⓐ 立面图

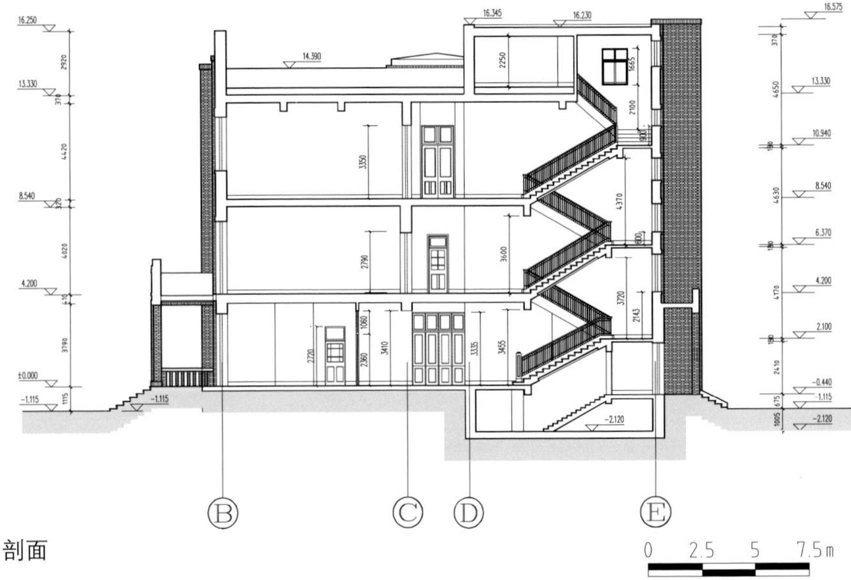
16.250
13.330
8.540
4.200
±0.000
-1.115
16.345
16.230
14.390
16.575
10.940
6.370
2.100
-0.440
-2.120
B
C
D
E
0 2.5 5 7.5m

Ⅰ—Ⅰ剖面

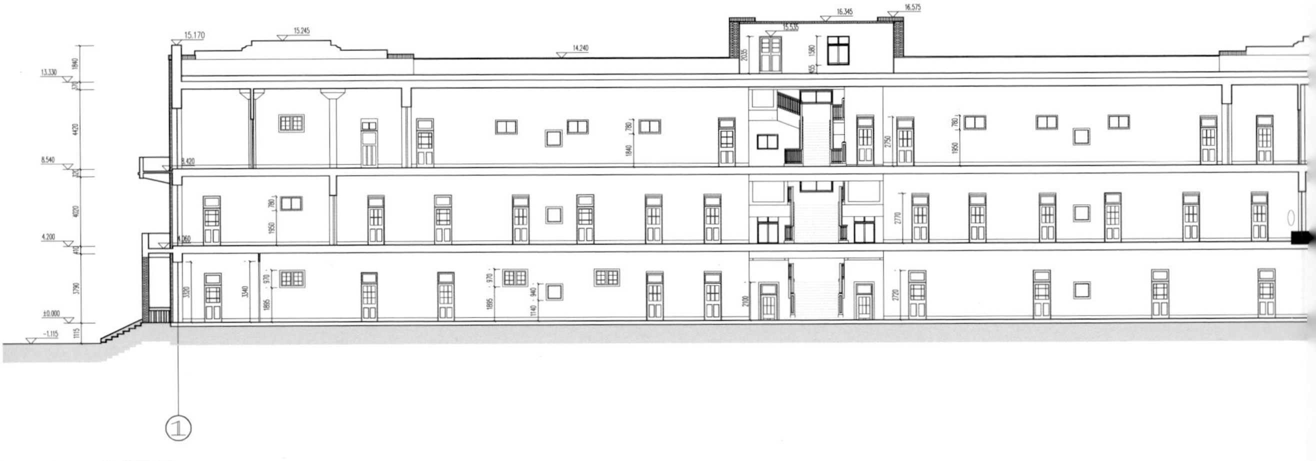

Ⅱ—Ⅱ剖面

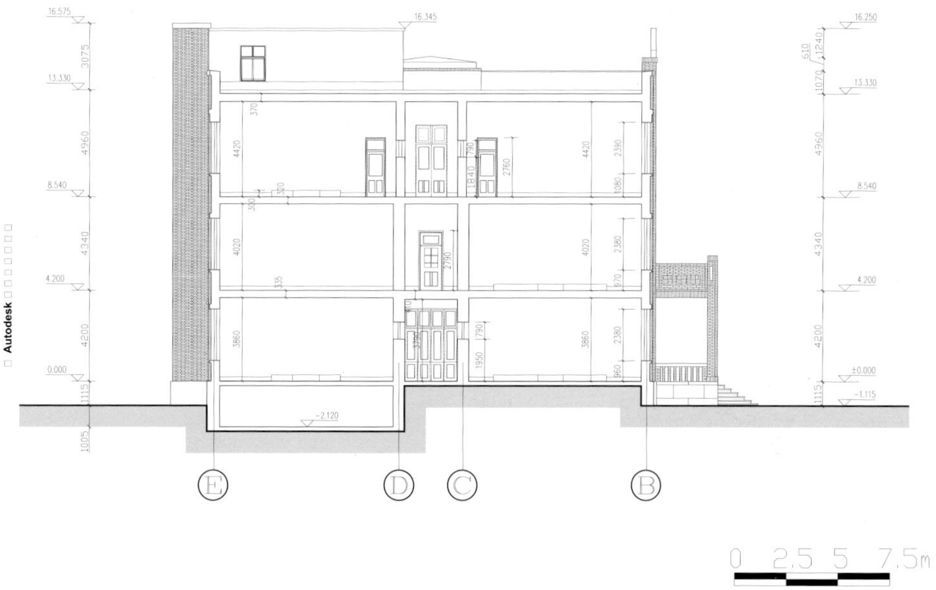

III—III剖面

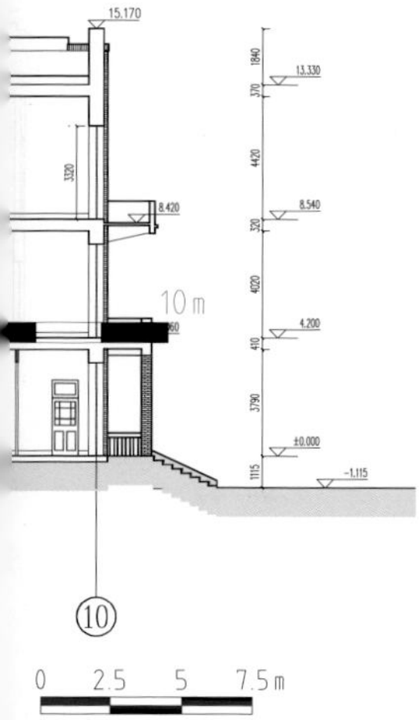

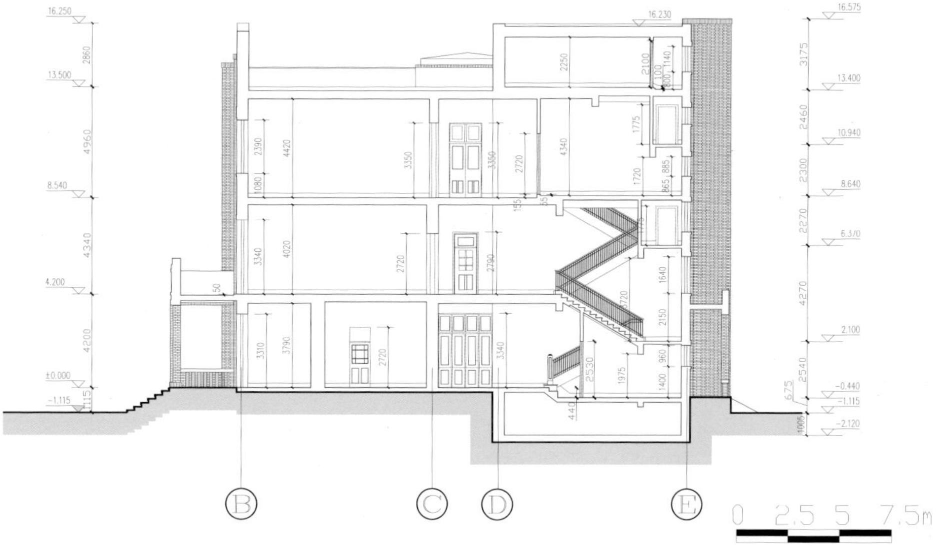

IV—IV剖面

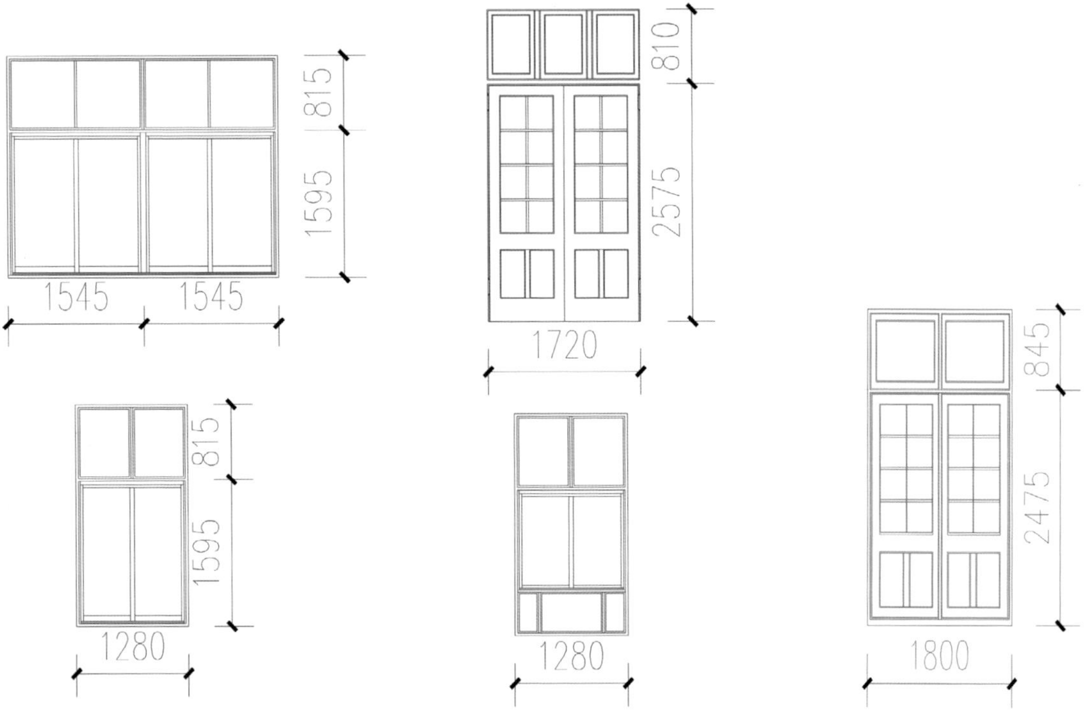

正、侧立面门窗详图

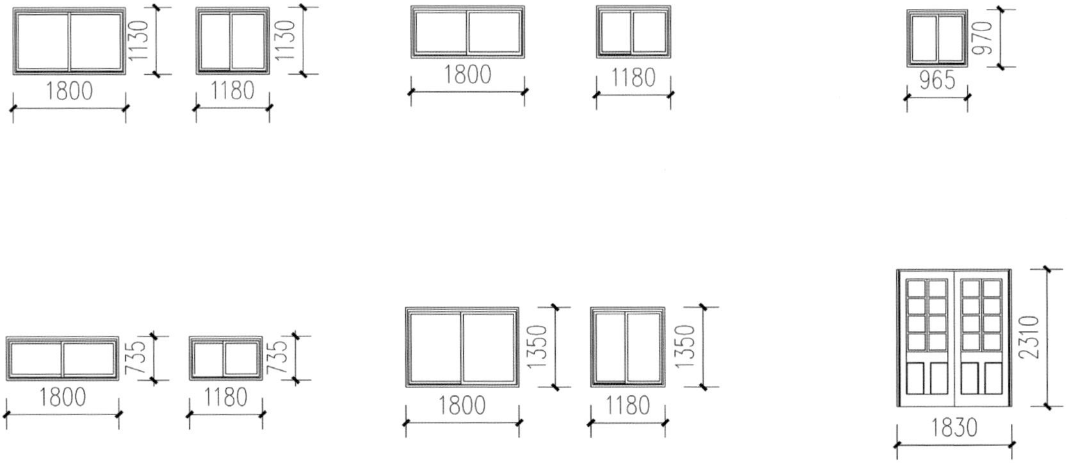

背立面门窗详图

910
25 860 25
110 530 1000 1080 2720
960
55 850 55
90 550 1000 1080 2720
930
35 860 35
50 590 1110 970 2720
970
30 910 30
50 590 1110 970 2720
940
90 760 90
210 470 700 1340 2720
1830
915 915
160 1230 180 740 2310
920
920
4880
1200 2480 1200
140 840 1600 760 3340
2500
650 620 620 610
50 850 1540 900 3340
940
90 760 90
210 470 960 1080 2720
1000
85 830 85
110 530 1000 1080 2720
1400
100
650 650
1580
80 1420 80
110 810 1440 980 3340
960
680 960 1080 2720
1200
60 1080 60
60 660 60 780

室内门窗详图

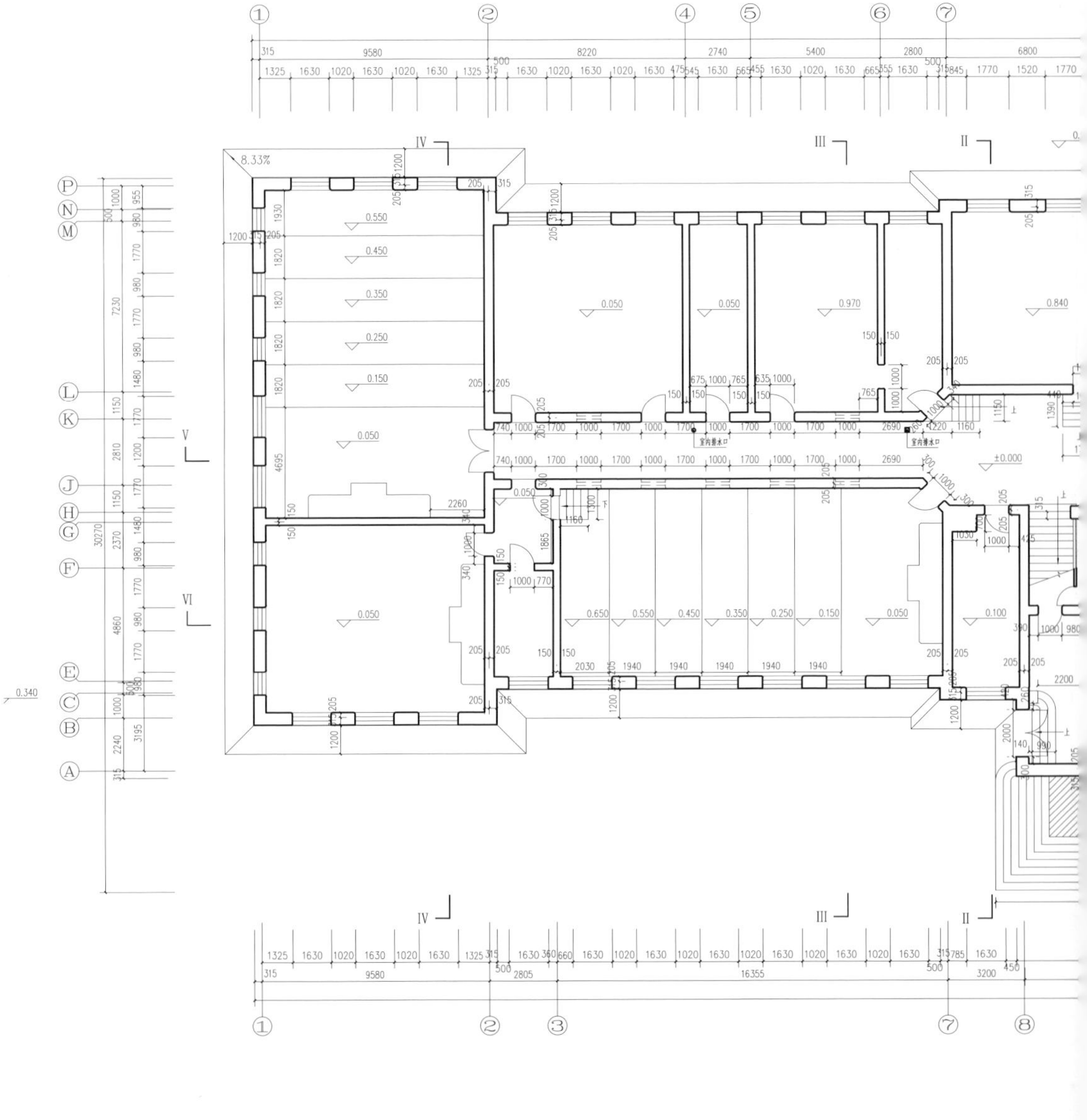
①
②
④
⑤
⑥
⑦
③
⑧
P
N
M
L
K
J
H
G
F
E
C
B
A
IV
III
II
V
VI
8.33%
30270
9580
8220
2740
5400
2800
6800
16355
3200
2805
0.550
0.450
0.350
0.250
0.150
0.050
0.970
0.840
0.650
0.100
0.340
±0.000
室内排水口

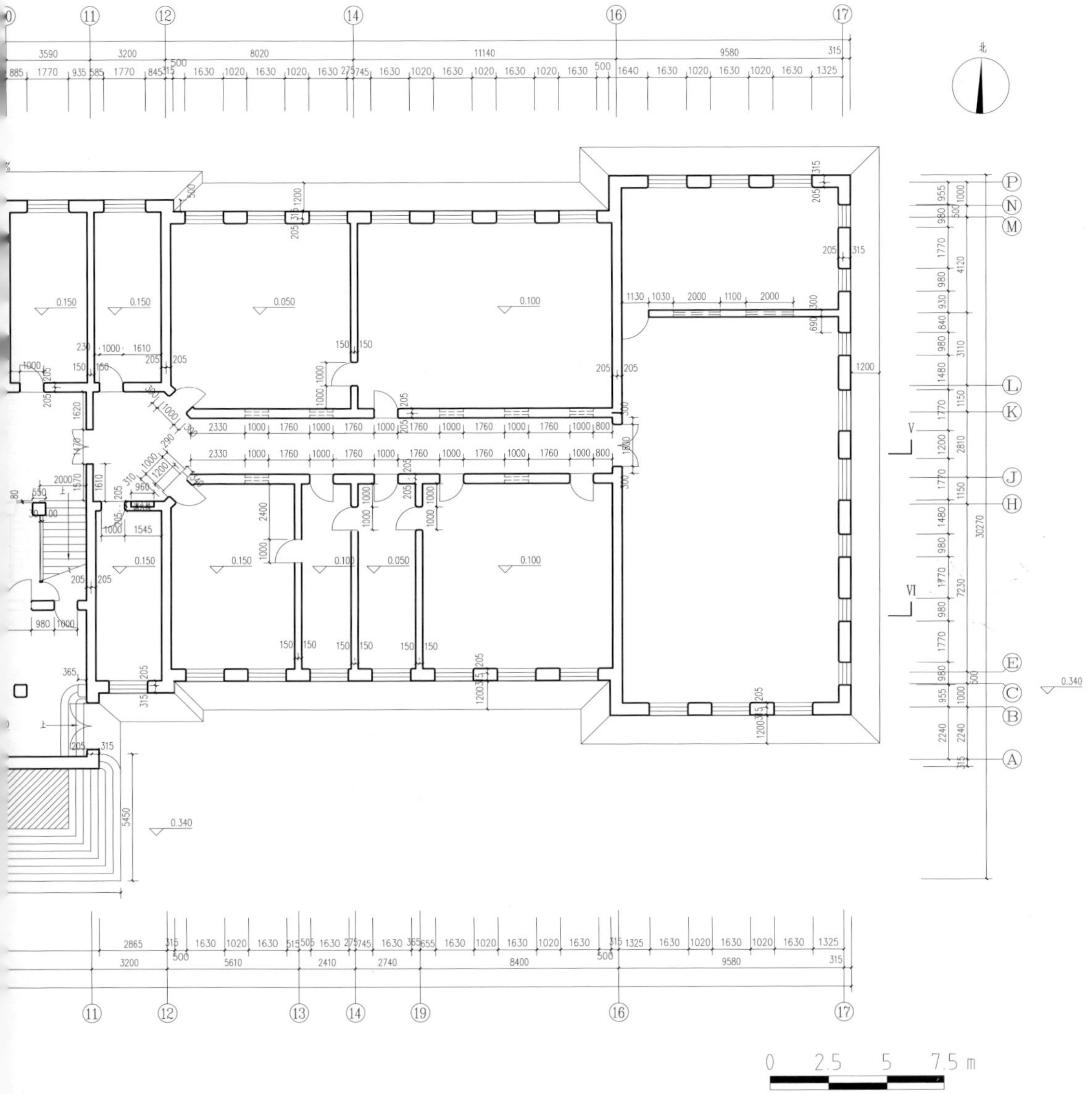

北大楼一层平面图

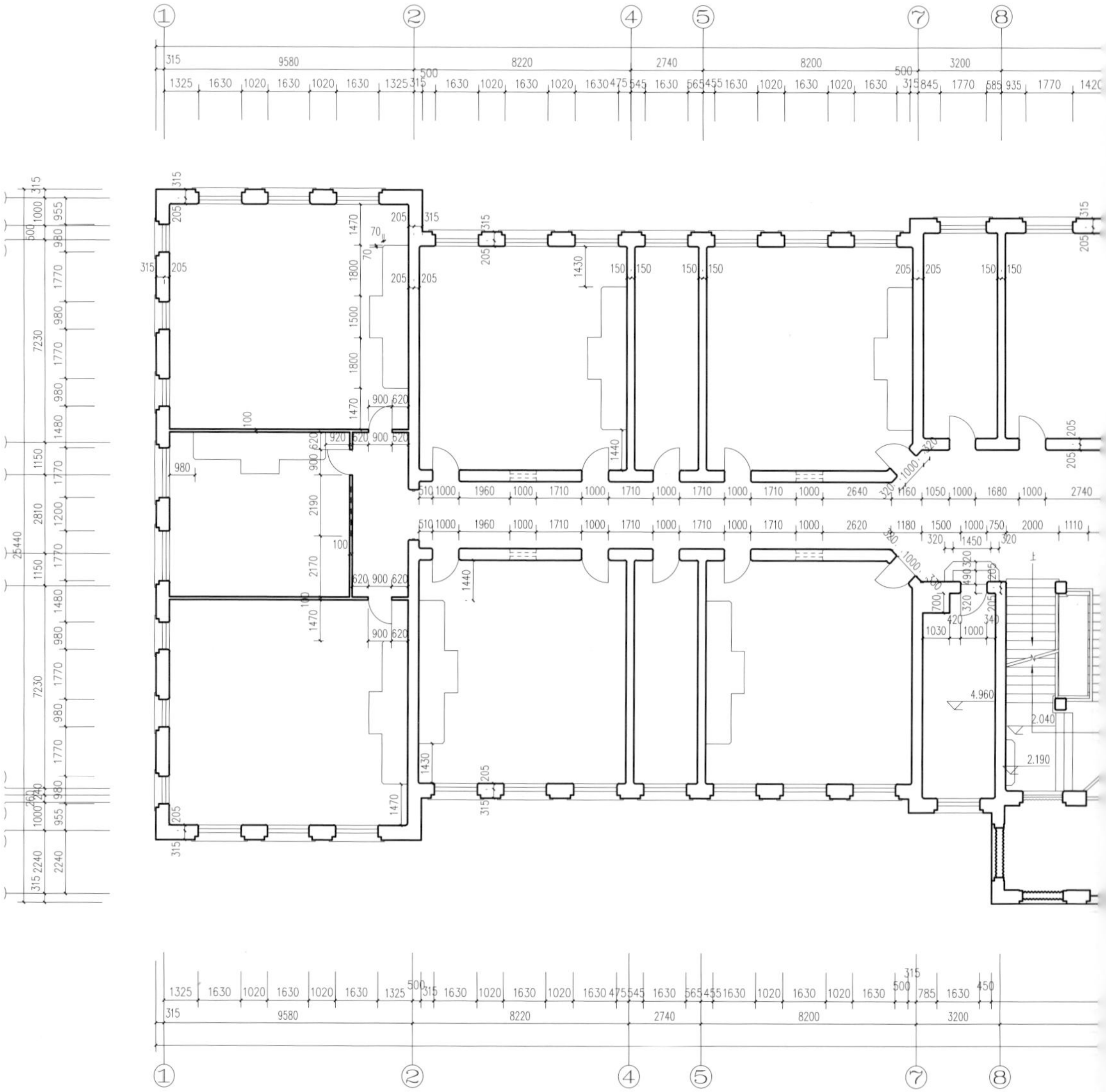

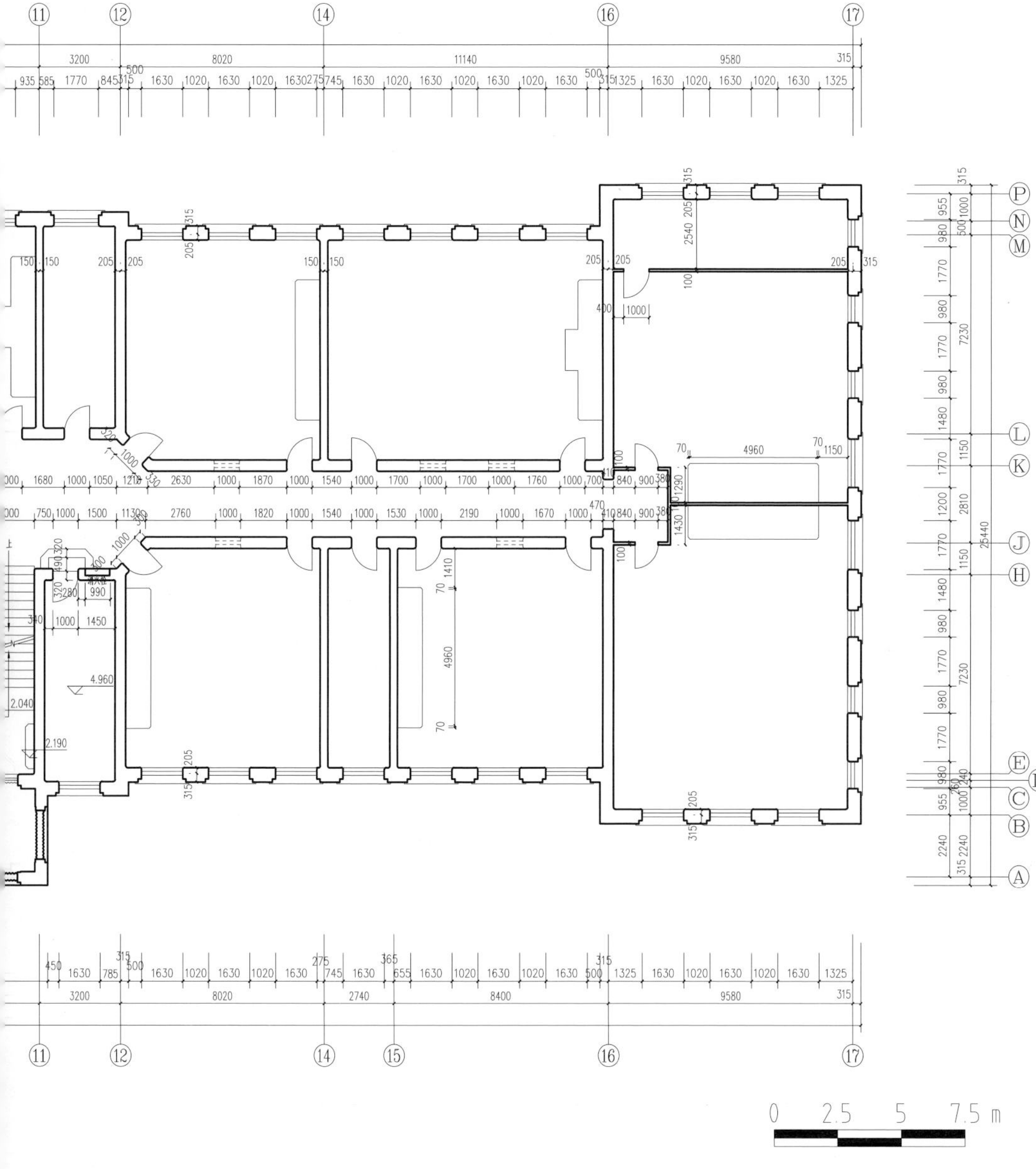

北大楼二层平面图

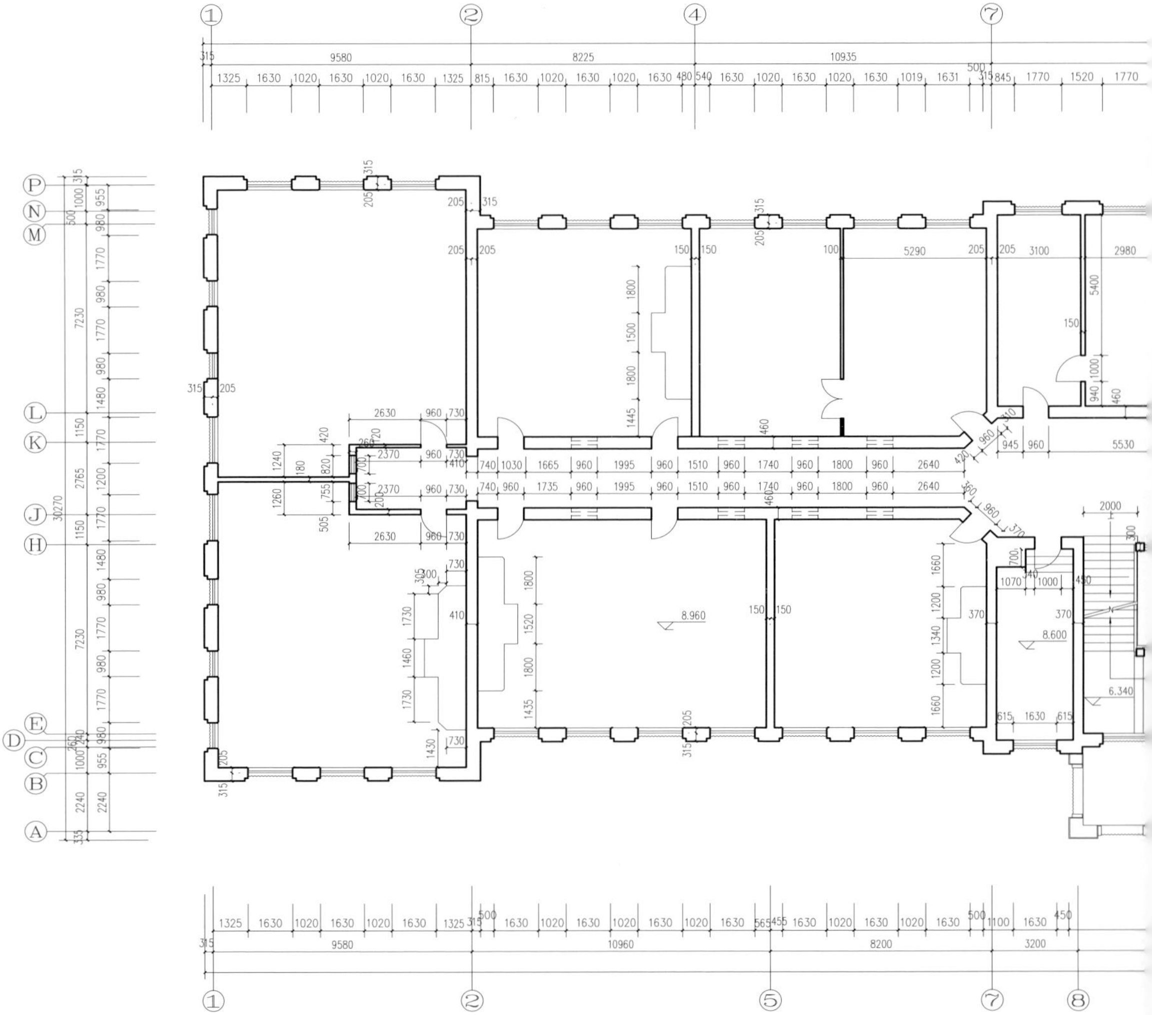
①
②
④
⑦
⑤
⑧
P
N
M
L
K
J
H
E
D
C
B
A
315
9580
8225
10935
10960
8200
3200
30270
8.960
8.600
6.340

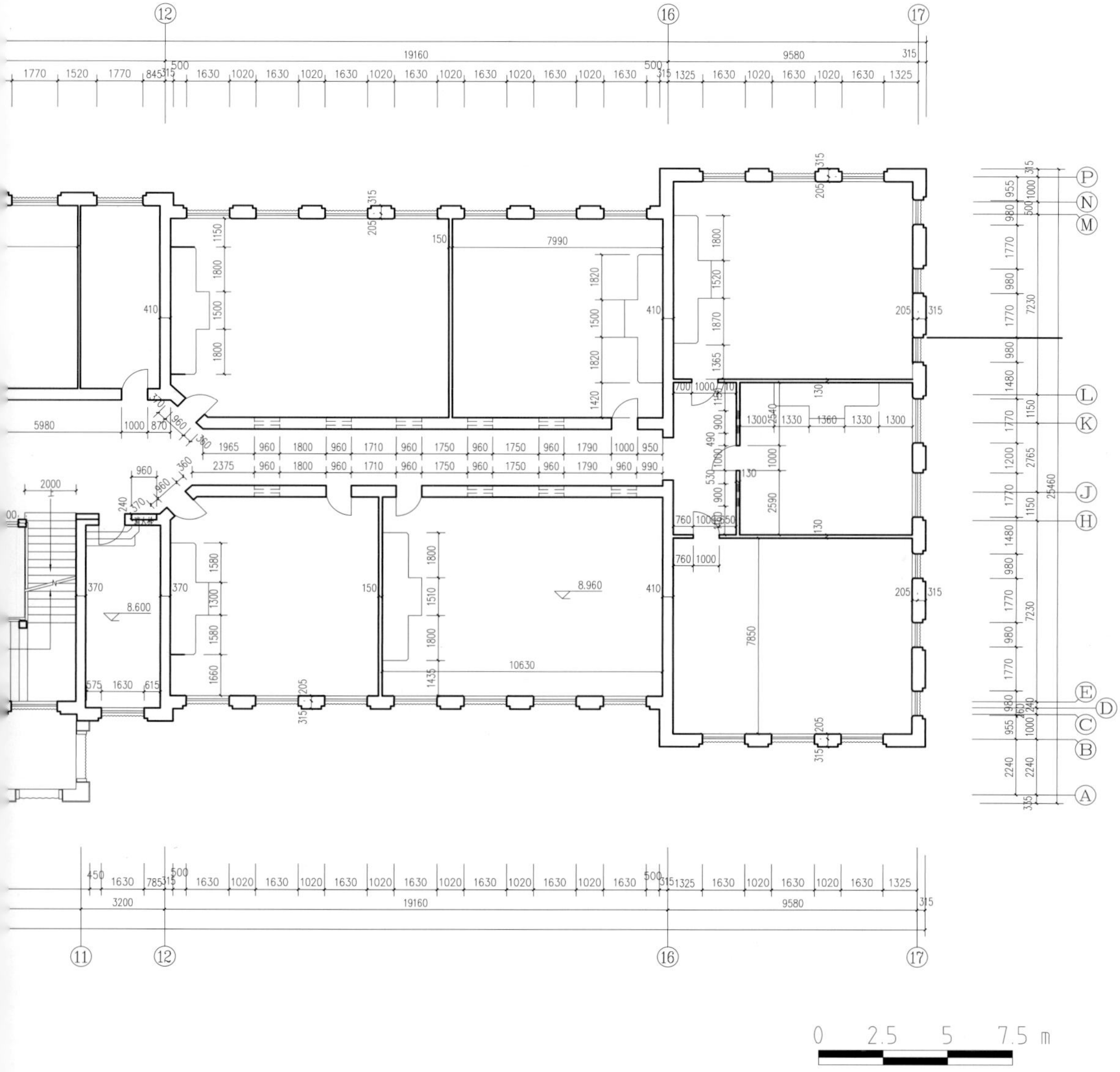

北大楼三层平面图

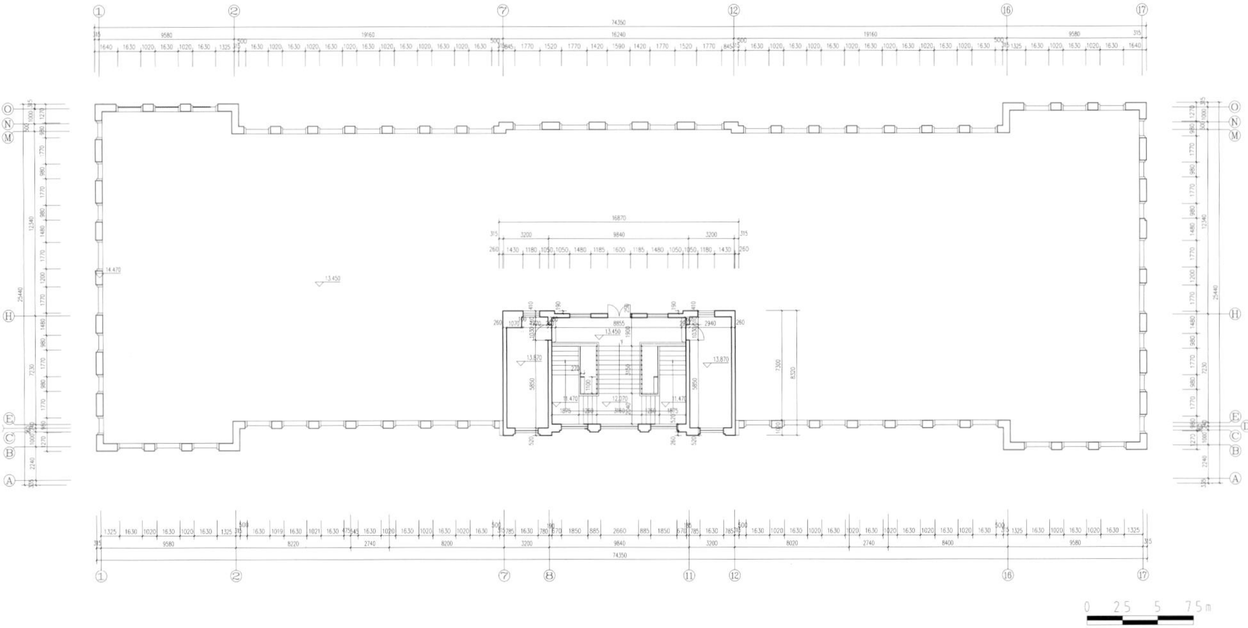

北大楼顶层平面图

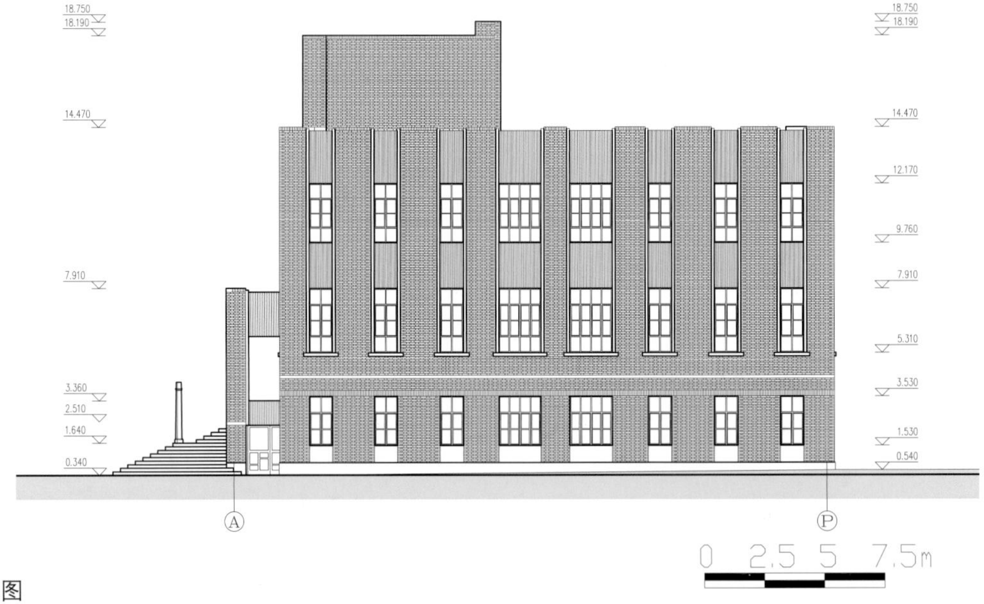

北大楼东立面图

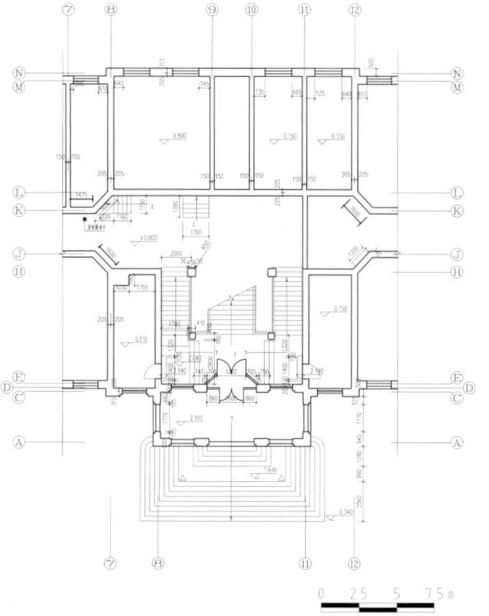

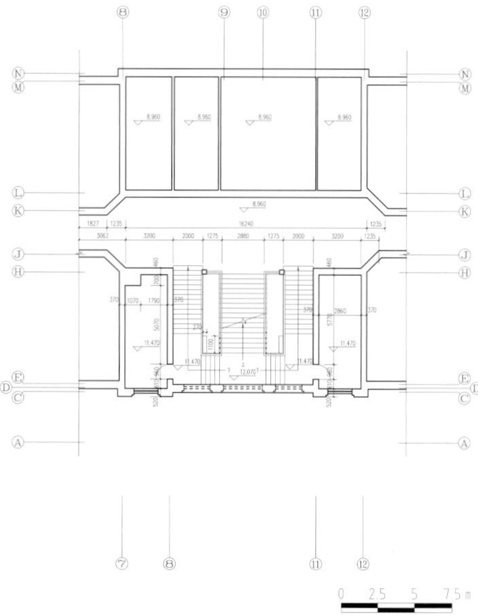

北大楼夹层平面图

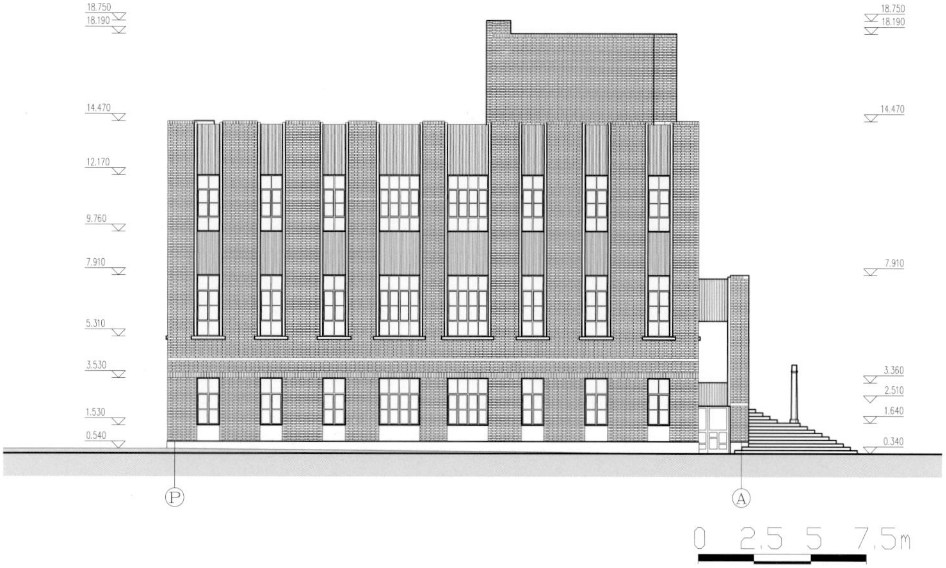

北大楼西立面图

北大楼南（正）立面图

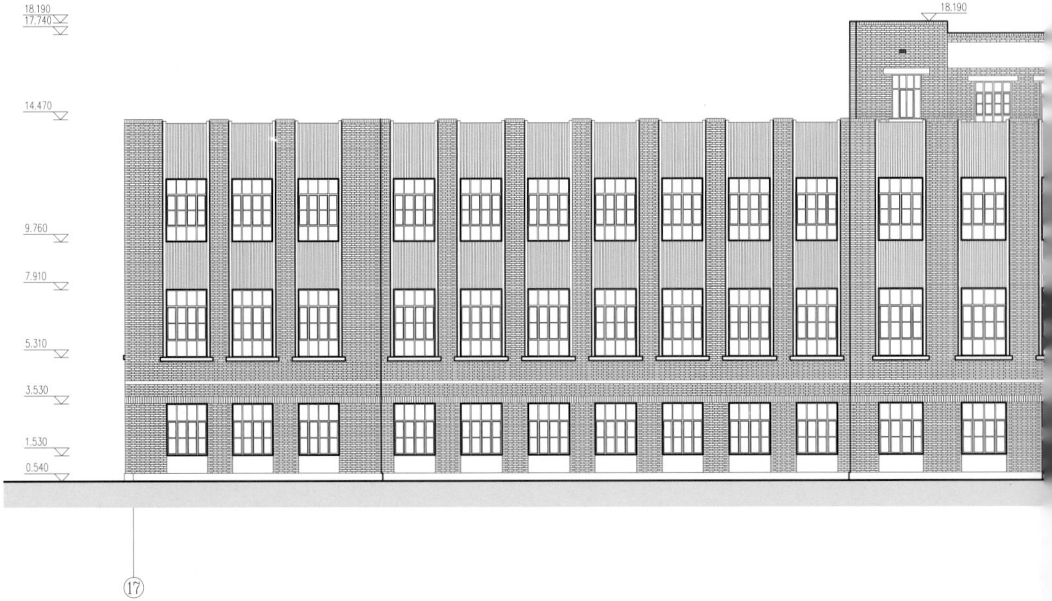

北大楼北（背）立面图

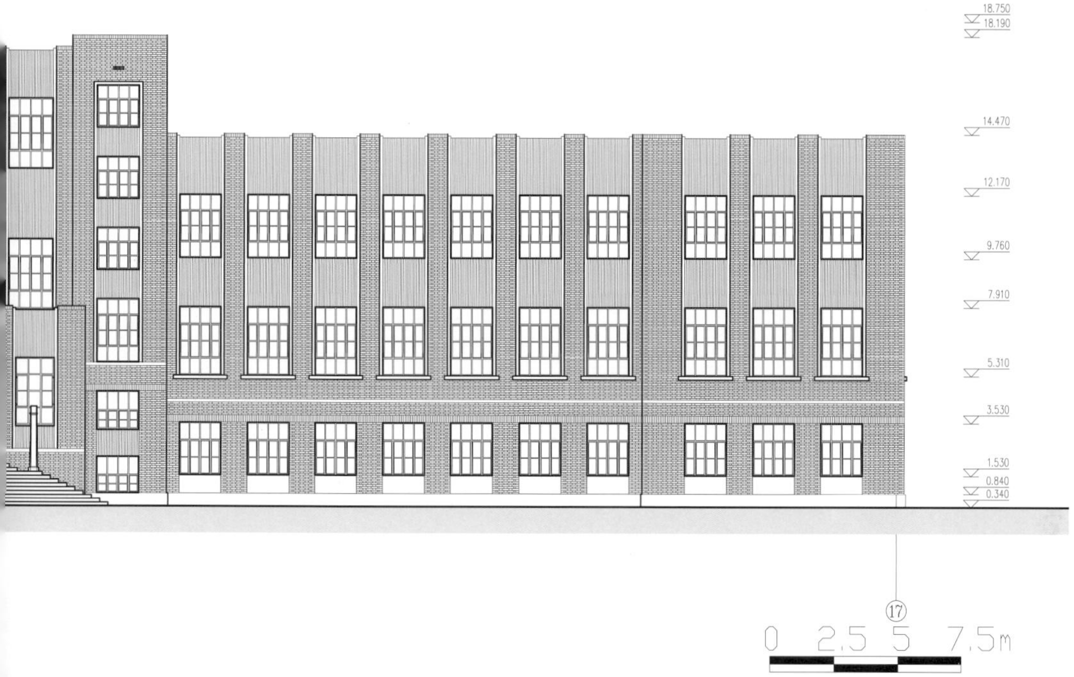
18.750
18.190
14.470
12.170
9.760
7.910
5.310
3.530
1.530
0.840
0.340
17
0 2.5 5 7.5m

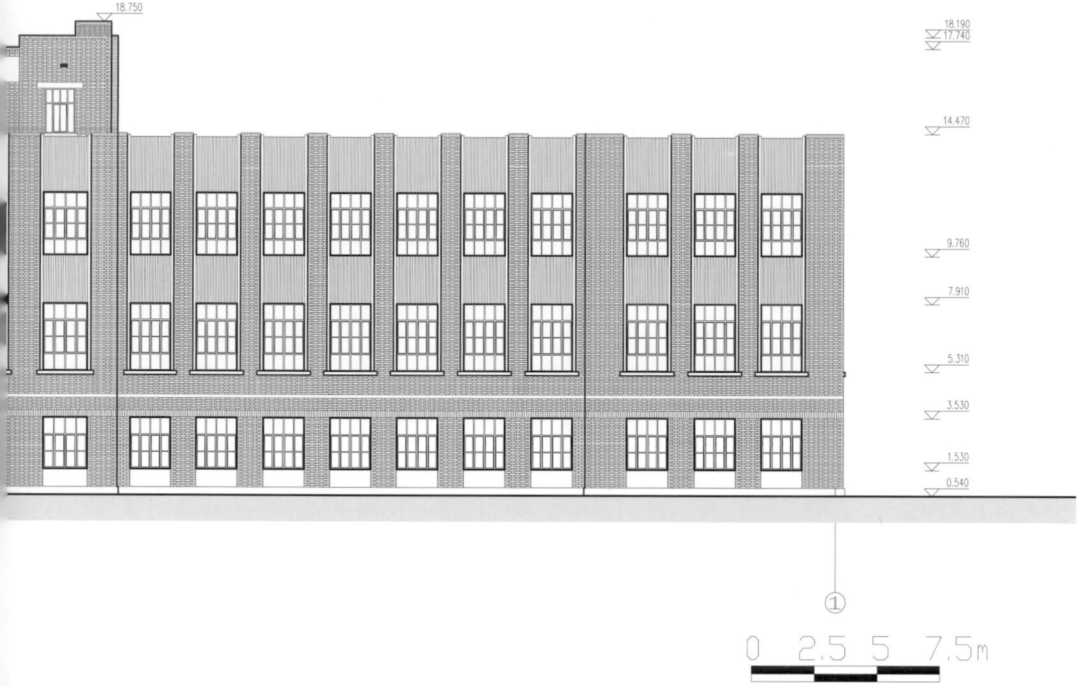
18.750
18.190
17.740
14.470
9.760
7.910
5.310
3.530
1.530
0.540
1
0 2.5 5 7.5m

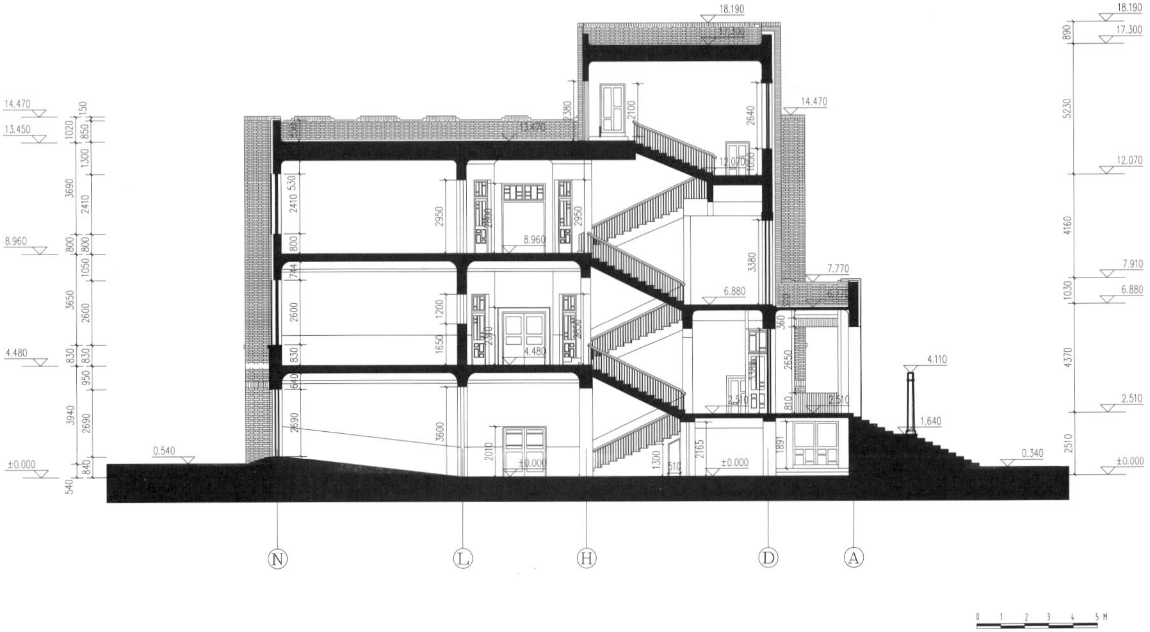

北大楼 I — I 剖面图

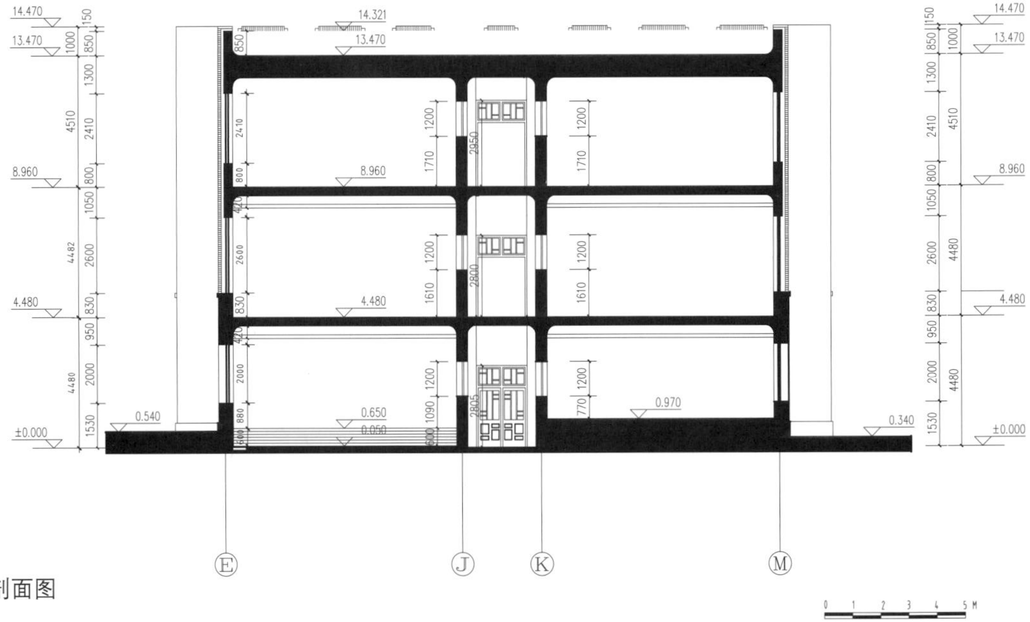

北大楼 III — III 剖面图

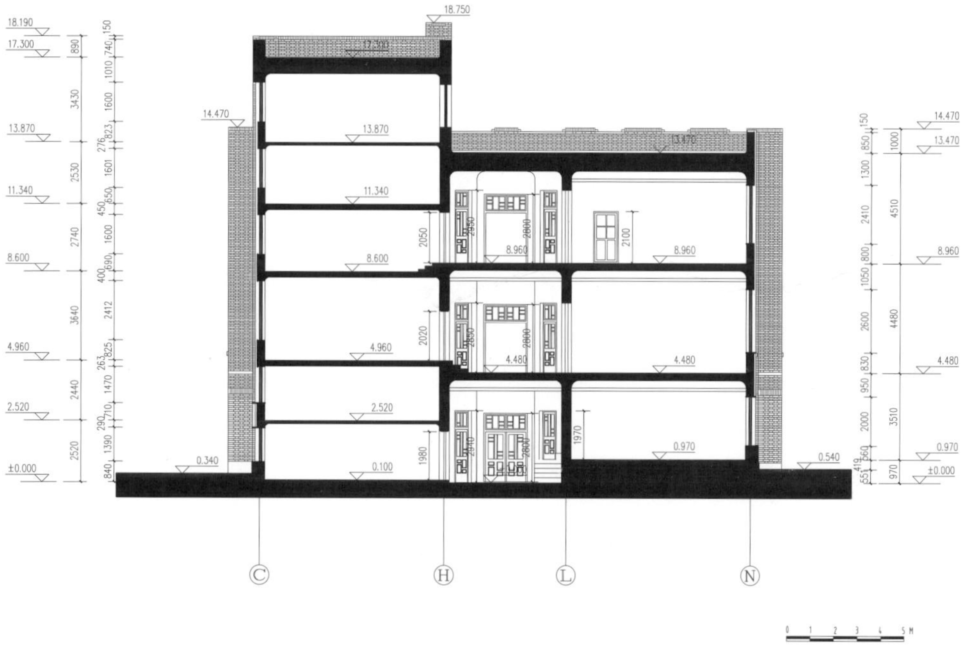

北大楼 II — II 剖面图

北大楼IV—IV剖面图

14.470
13.450
14.320
8.960
4.480
±0.000
0.340
0.550
1000
4510
4480
1200
1740
2950
1280
1670
980
2000
2850
1650
2940
1660
1979
961
2100
840
0.000
①
②

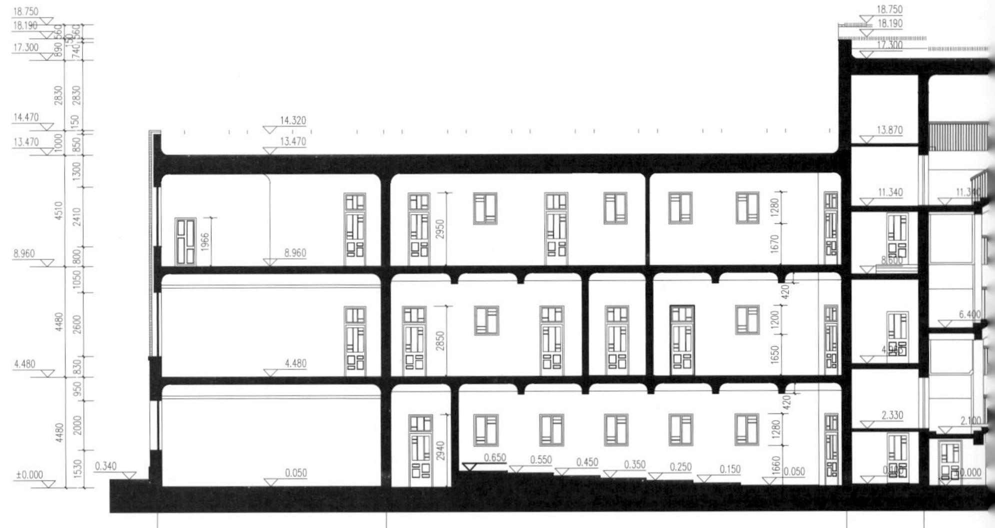

18.750
18.190
17.300
14.470
13.470
14.320
13.870
11.340
8.960
8.600
6.400
4.480
2.330
2.100
±0.000
0.340
0.050
0.650
0.550
0.450
0.350
0.250
0.150
2830
4510
4480
1966
2950
1280
1670
2850
1200
1650
2940
1660
420
①
②
⑦
⑧

北大楼V - V剖面图

0 2.5 5 7.5 m

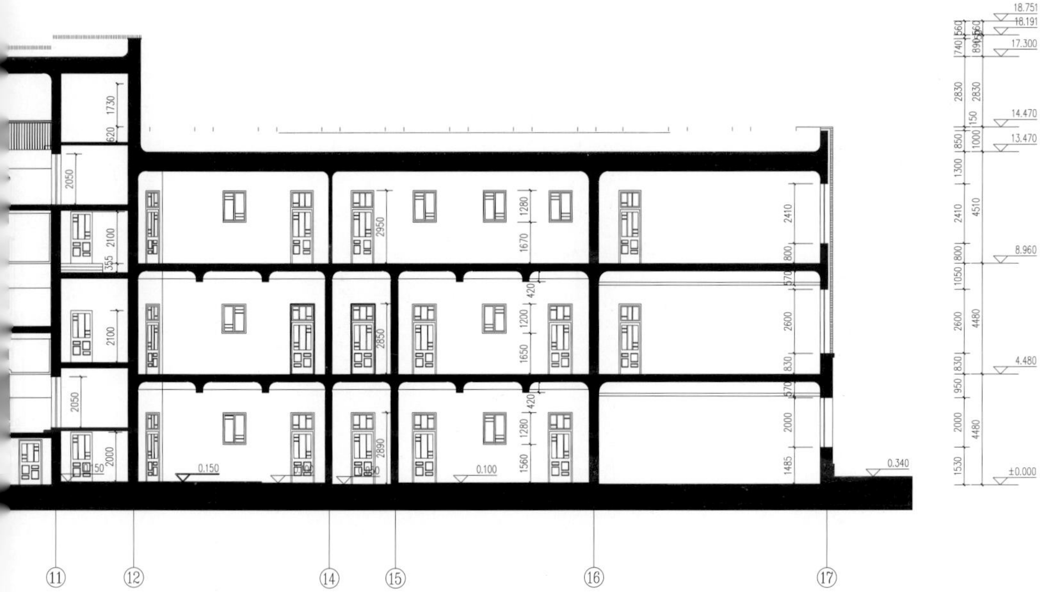

0 2.5 5 7.5 m

北大楼VI - VI剖面图

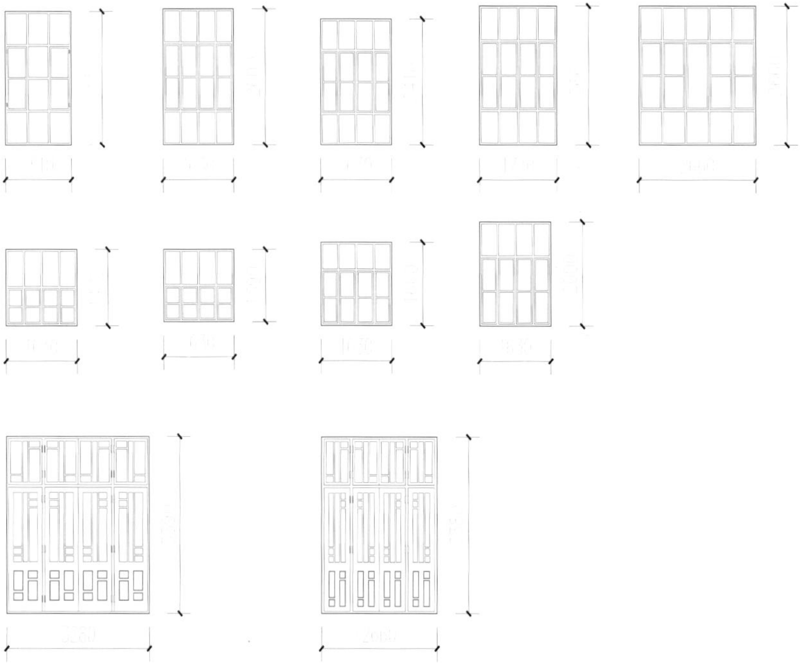

正面门窗图

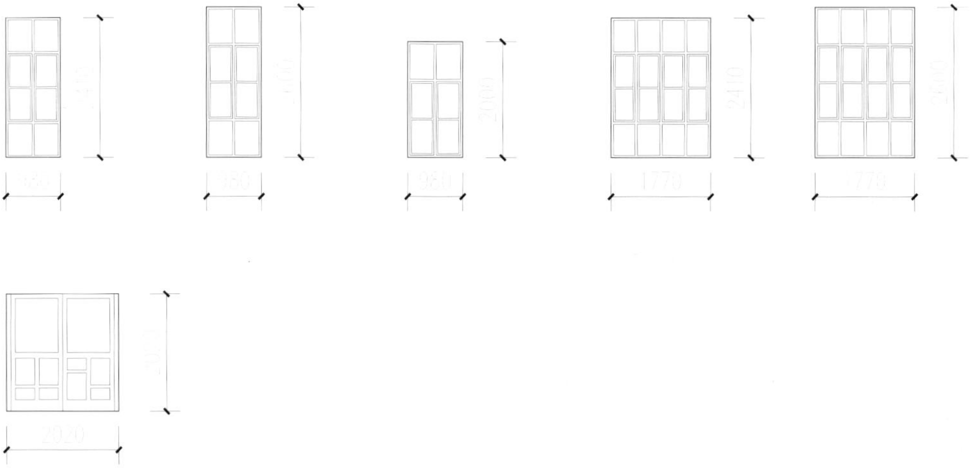

侧面门窗图

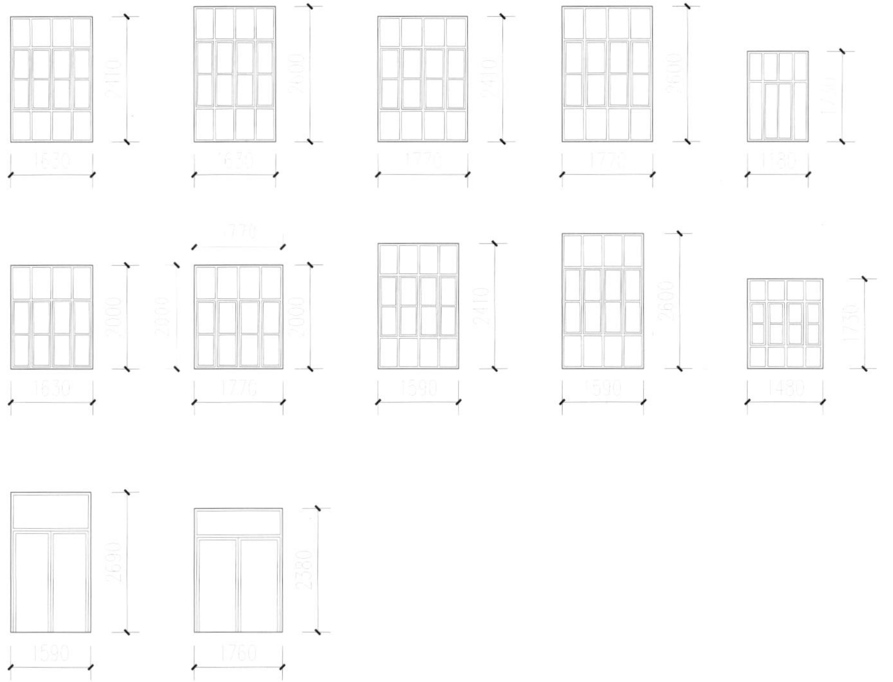
2690
1590
2380
1760

背面门窗图

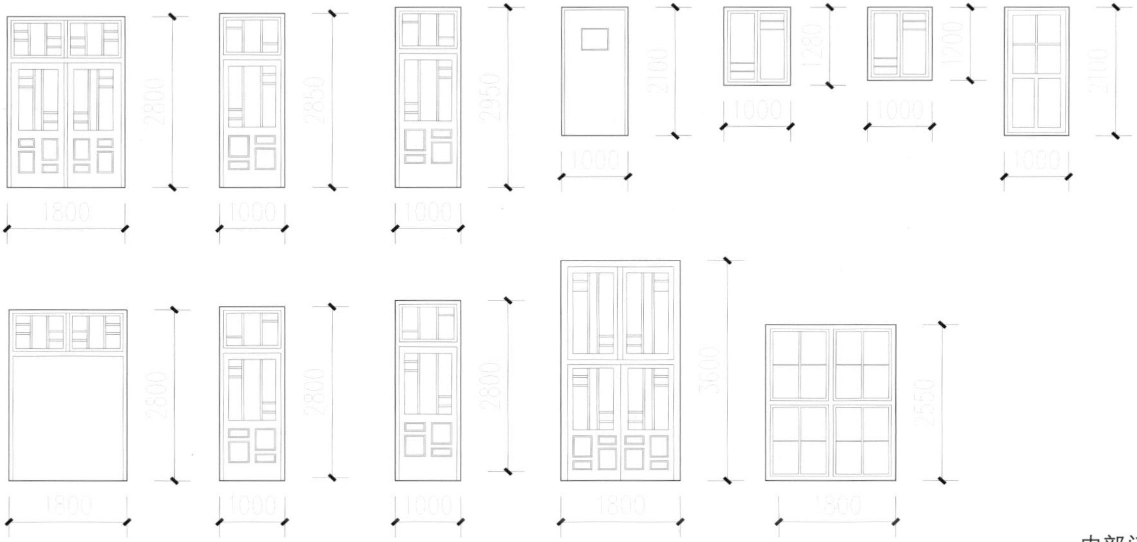
2800
1800
2850
1000
2950
1000
2100
1000
1280
1000
1200
1000
2100
1000
2800
1800
2800
1000
2800
1000
3600
1800
2550
1800

内部门窗图

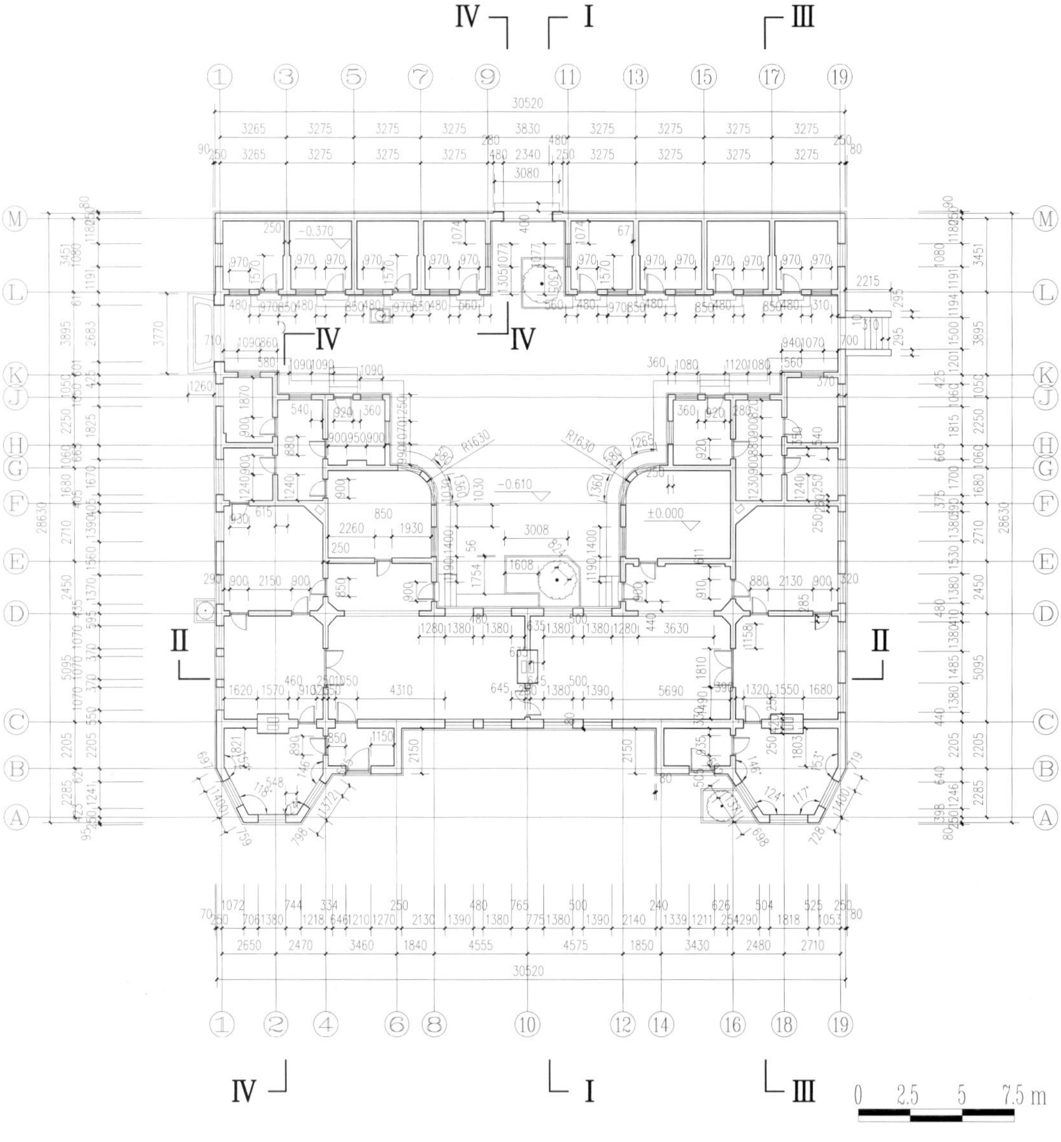
IV
I
III
II
①
③
⑤
⑦
⑨
⑪
⑬
⑮
⑰
⑲
②
④
⑥
⑧
⑩
⑫
⑭
⑯
⑱
A
B
C
D
E
F
G
H
J
K
L
M
30520
−0.370
−0.610
±0.000
0 2.5 5 7.5 m

团城平面图

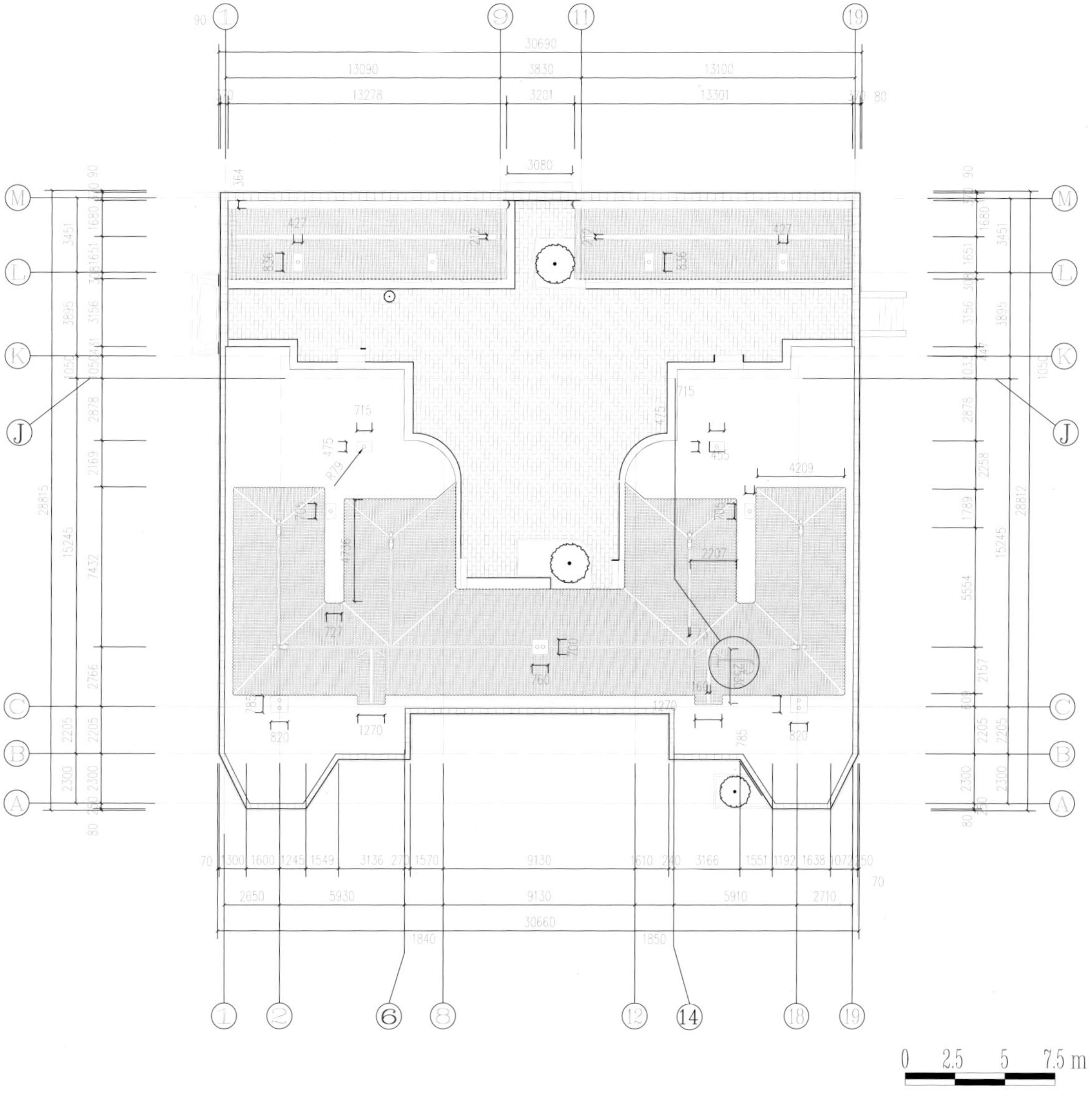

团城屋顶平面图

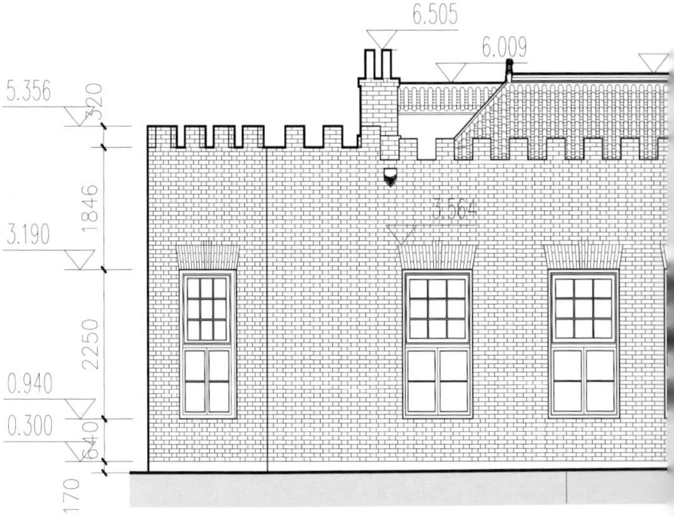
6.505
6.009
5.356
320
3.564
1846
3.190
2250
0.940
0.300
640
170

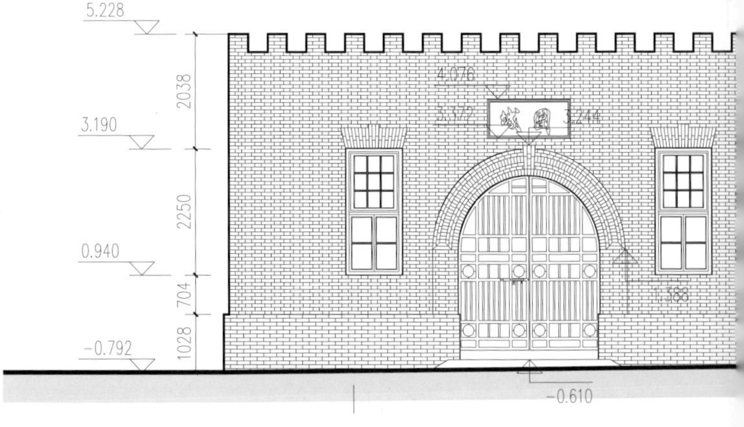
5.228
2038
4.076
3.572
3.244
3.190
2250
0.940
704
1.588
1028
-0.792
-0.610

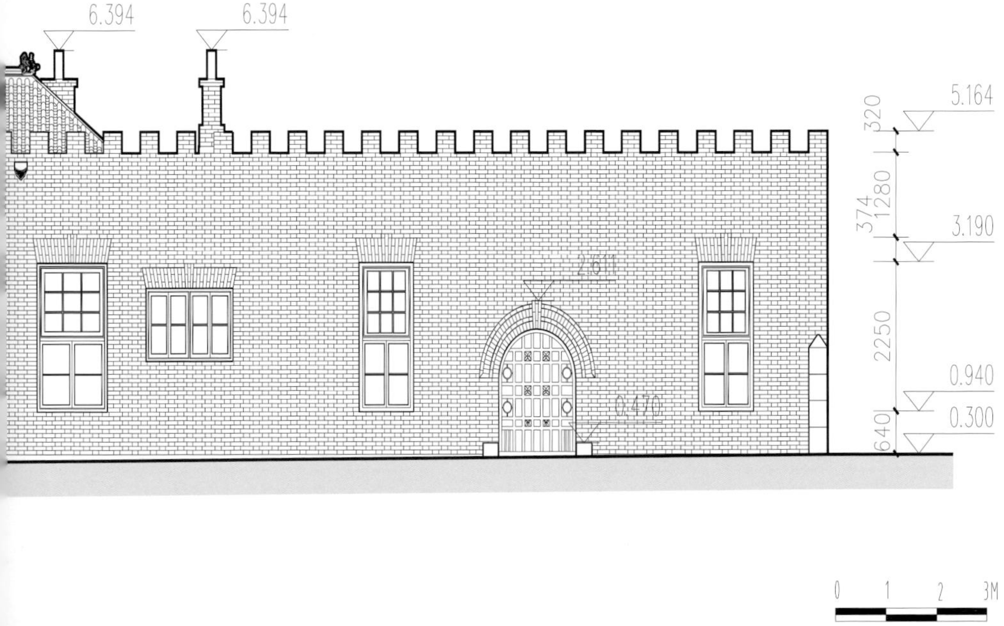

团城北外立面图

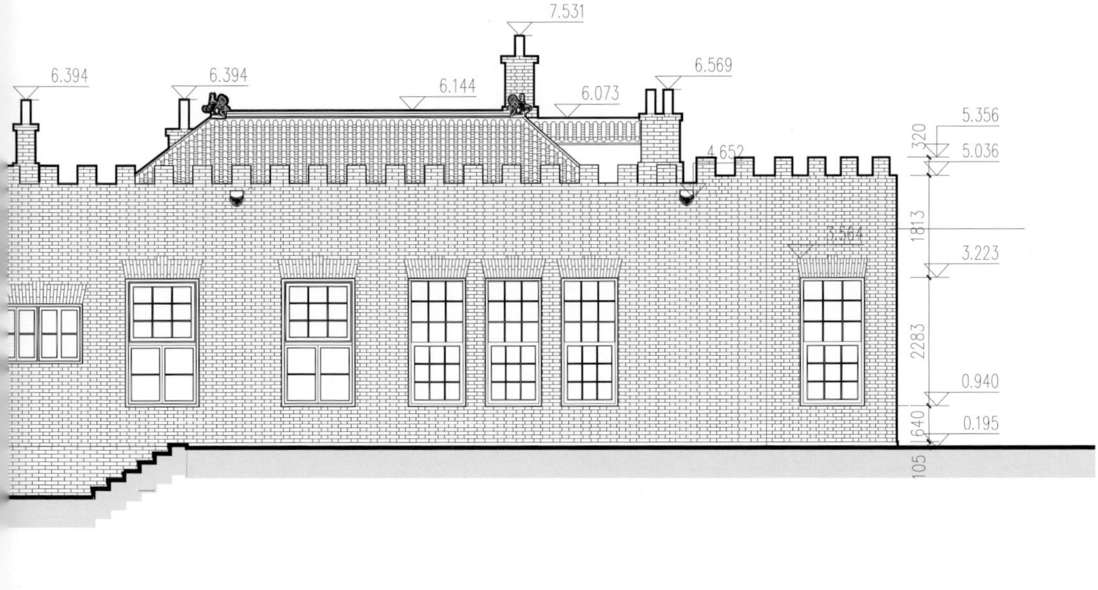

团城南外立面图

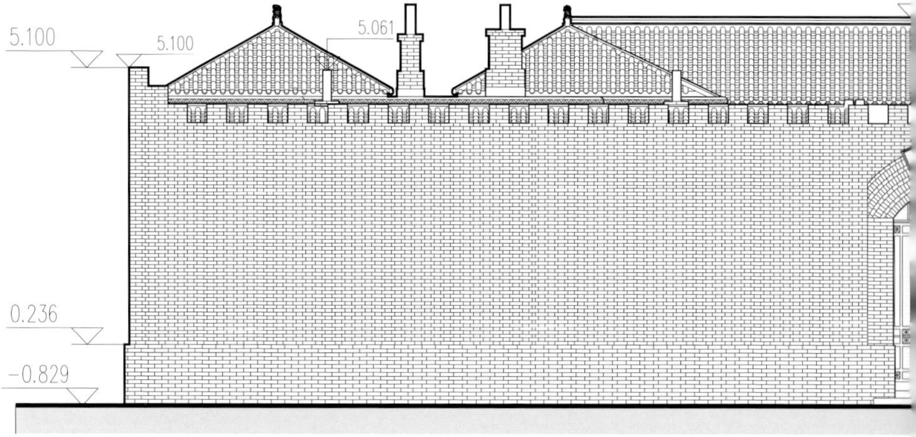
5.100
5.100
5.061
0.236
-0.829

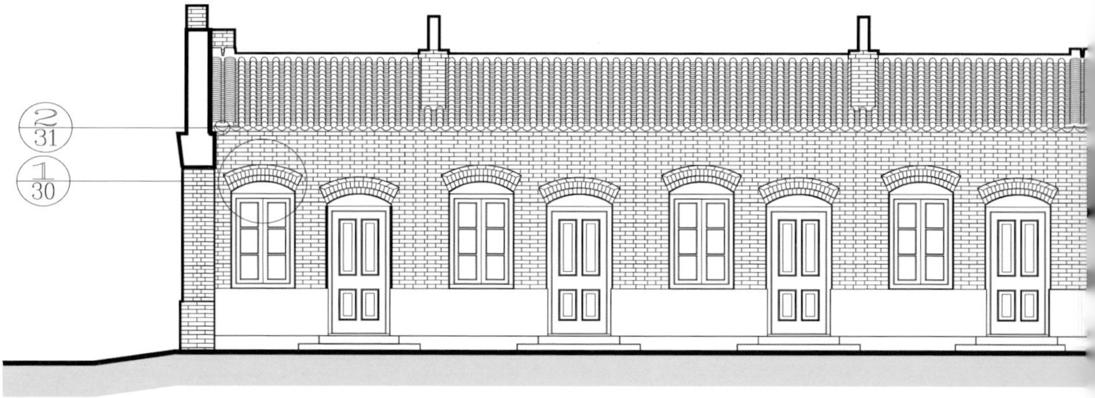
2
31
1
30

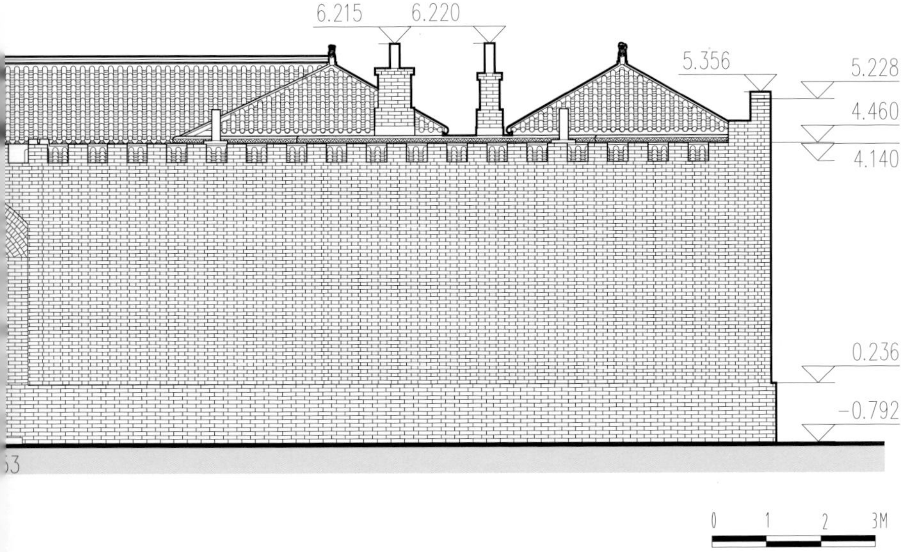

团城西外立面图

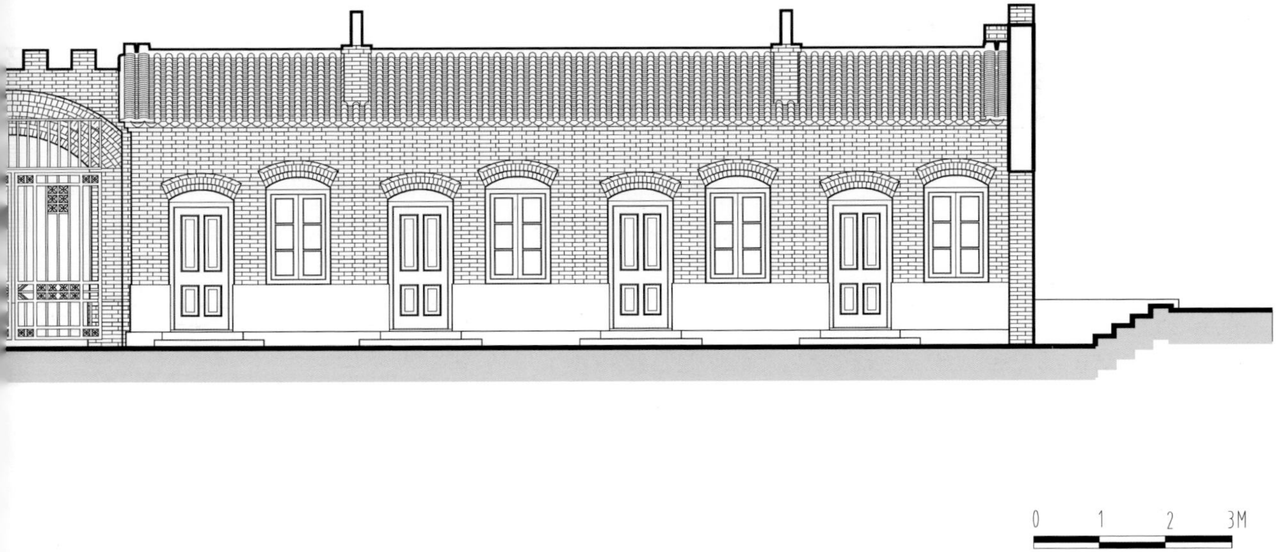

团城西内立面图

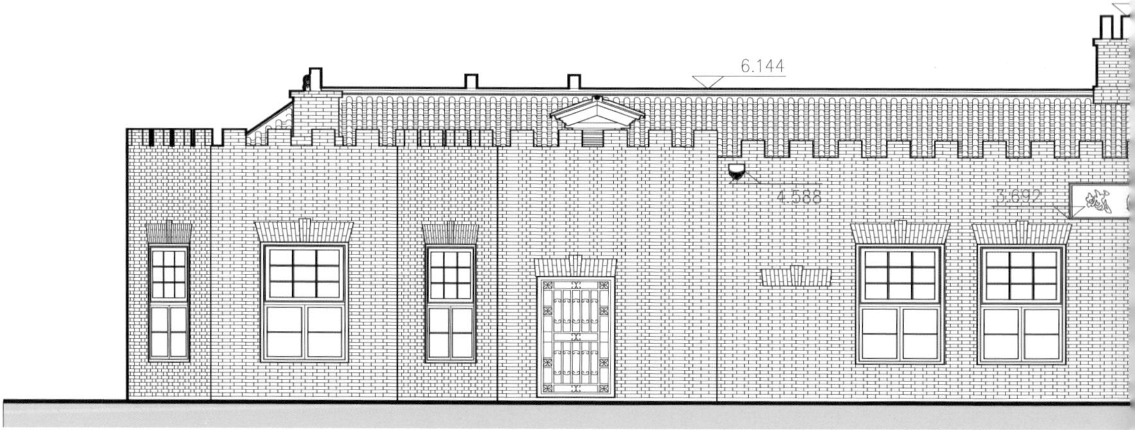
6.144
4.588
3.692

2
32
4
31
3
31
2
30

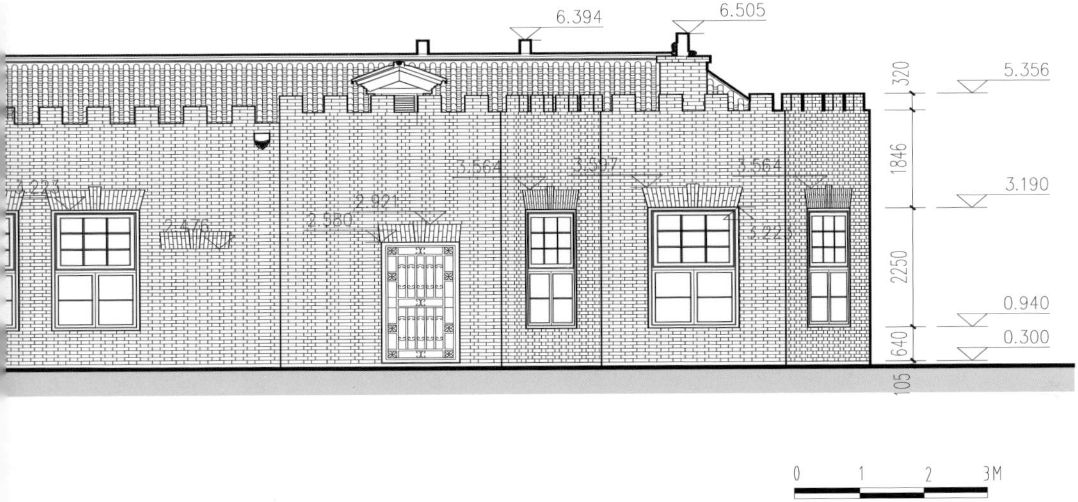

团城东外立面图

团城东内立面图

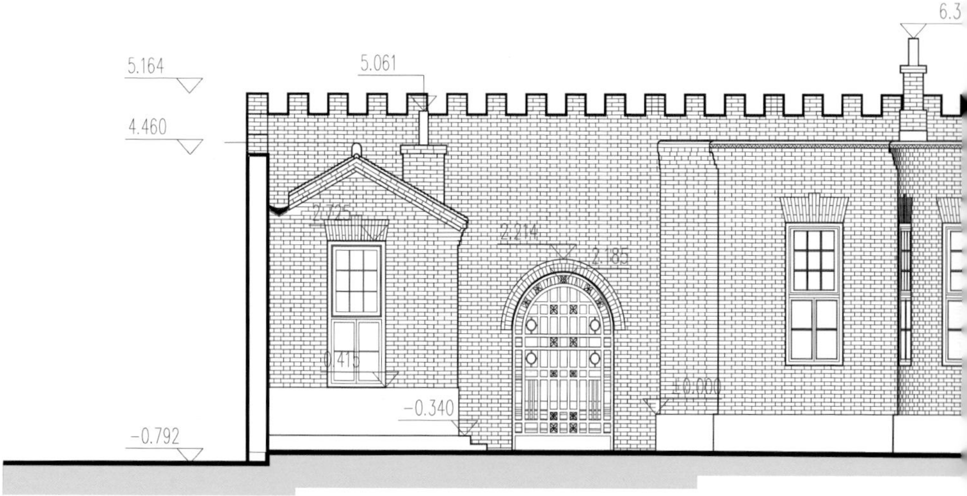
6.3
5.164
5.061
4.460
2.725
2.214
2.185
0.415
−0.340
±0.000
−0.792

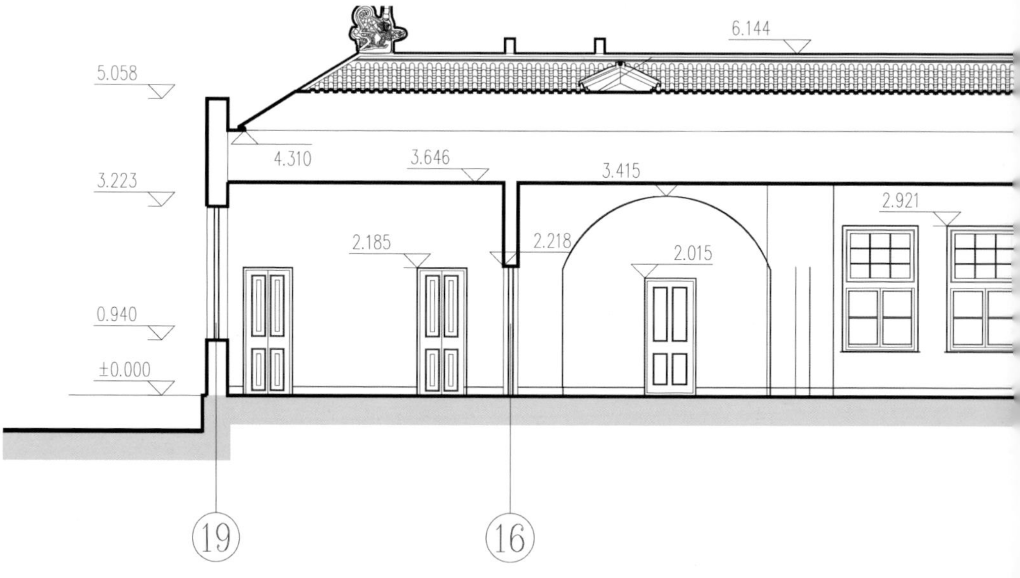
6.144
5.058
4.310
3.646
3.415
3.223
2.921
2.185
2.218
2.015
0.940
±0.000
19
16

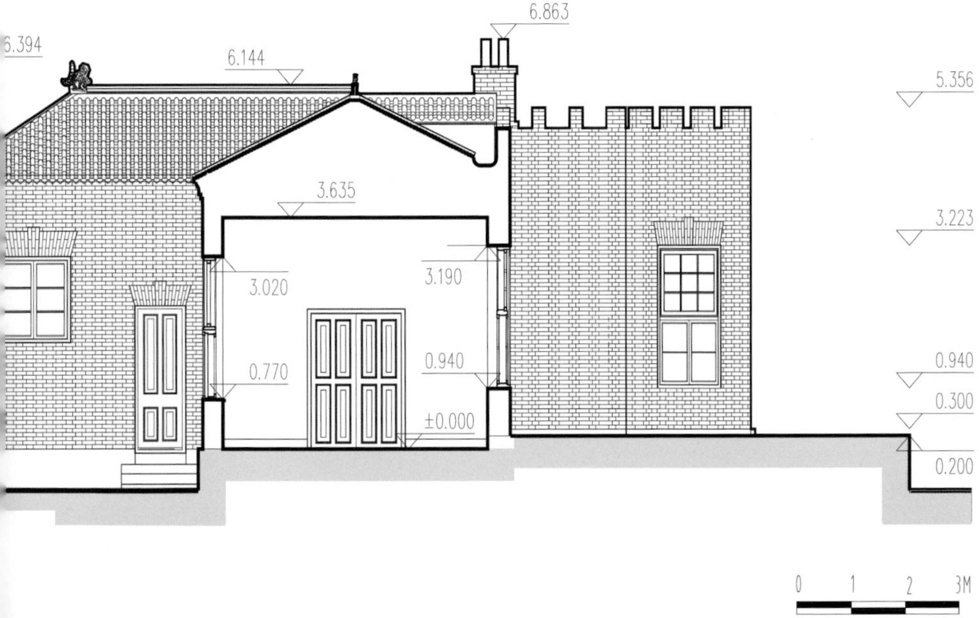

I — I 剖面图

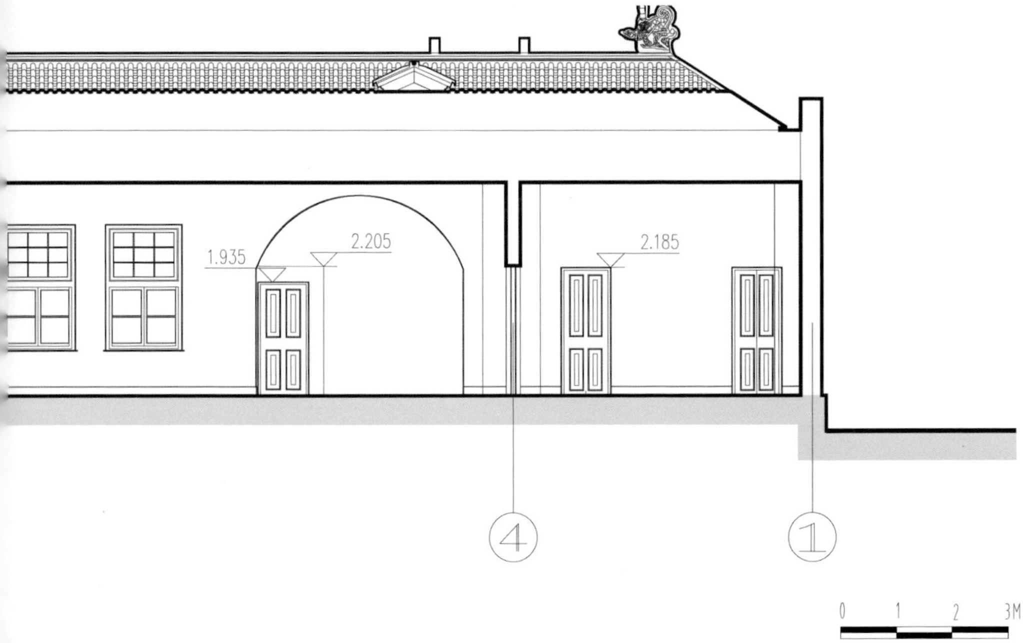

II — II 剖面图

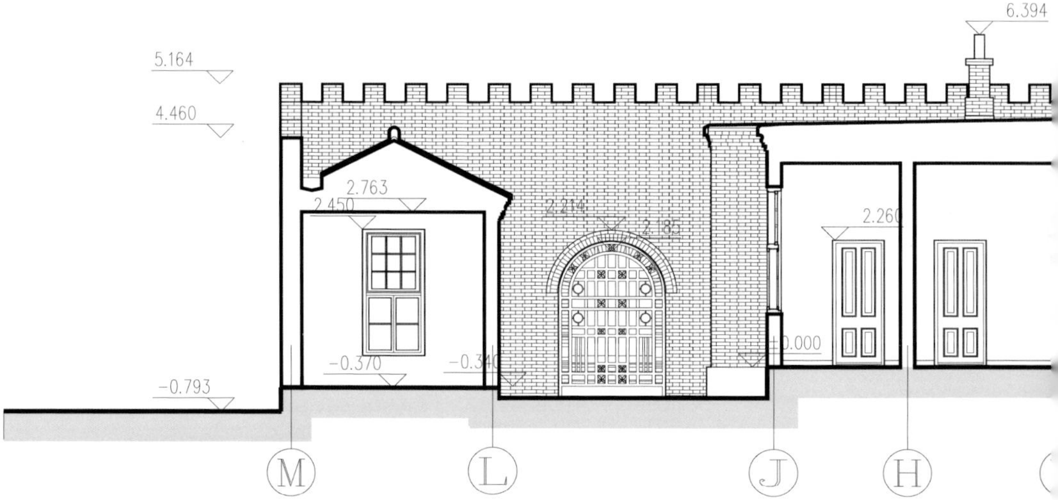
6.394
5.164
4.460
2.763
2.450
2.214
2.185
2.260
±0.000
-0.370
-0.340
-0.793
M
L
J
H

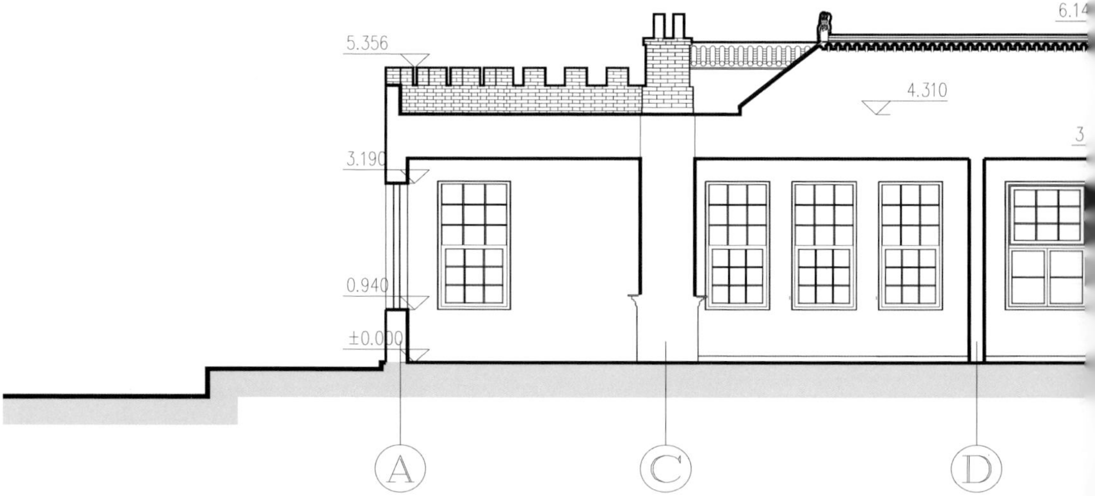
5.356
4.310
3.190
0.940
±0.000
A
C
D

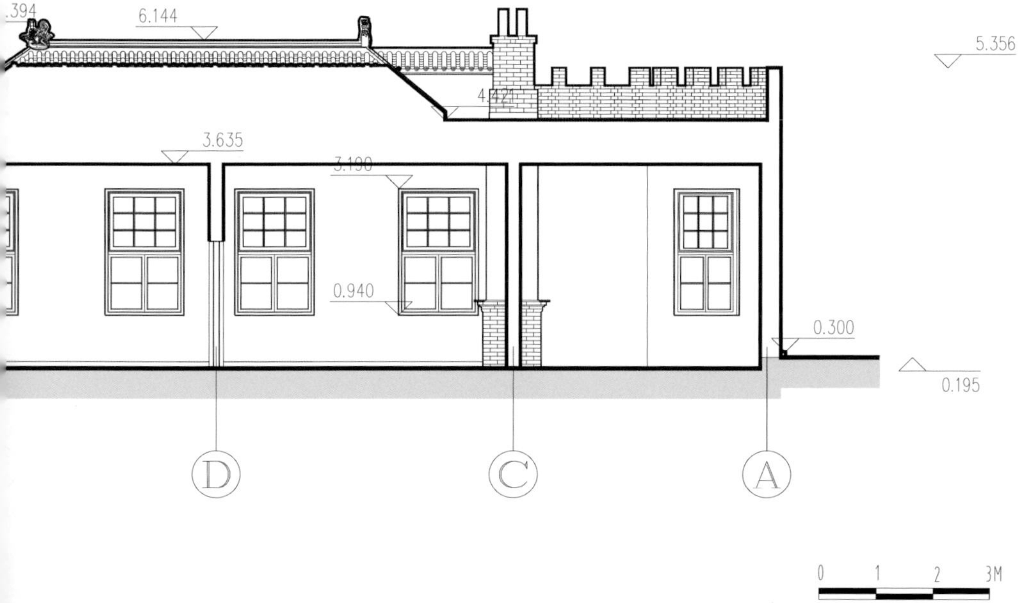
.394
6.144
5.356
4.421
3.635
3.190
0.940
0.300
0.195
D
C
A
0 1 2 3M

剖面图

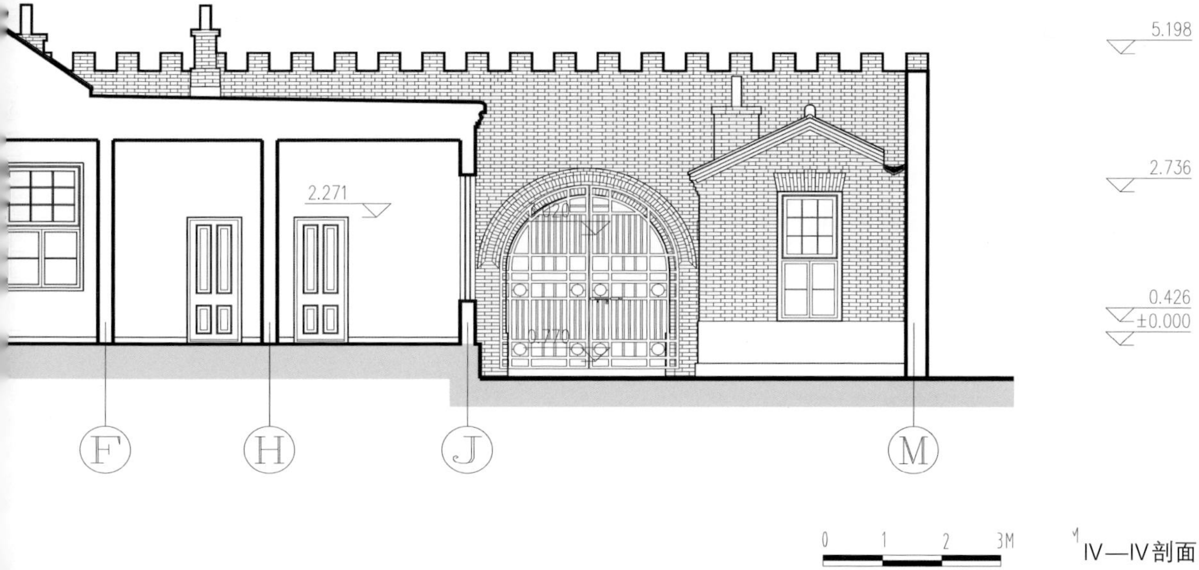
5.198
2.736
2.271
4.420
0.426
±0.000
0.770
F
H
J
M
0 1 2 3M

IV—IV剖面图

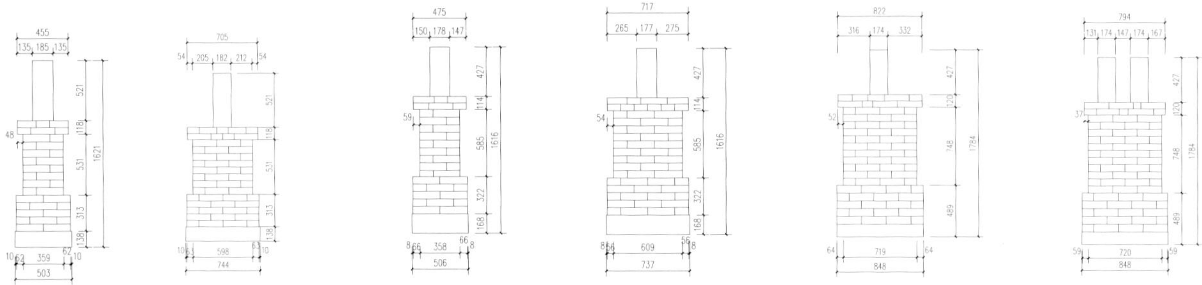

烟囱详图

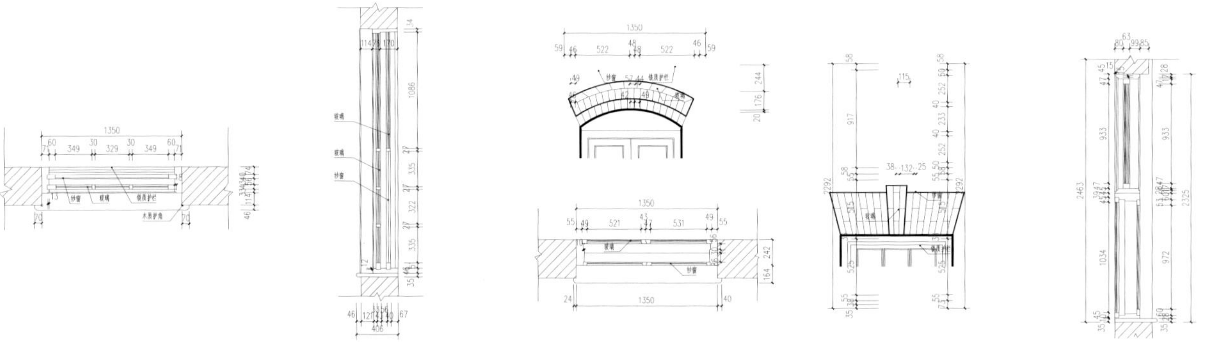

门窗构造详图

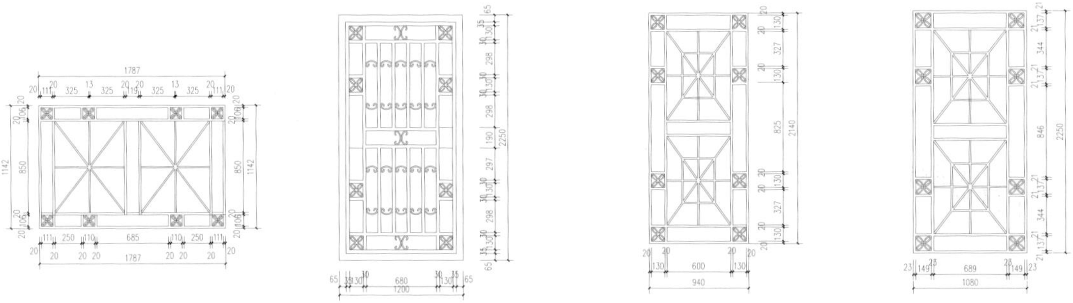

门窗铁护栏详图

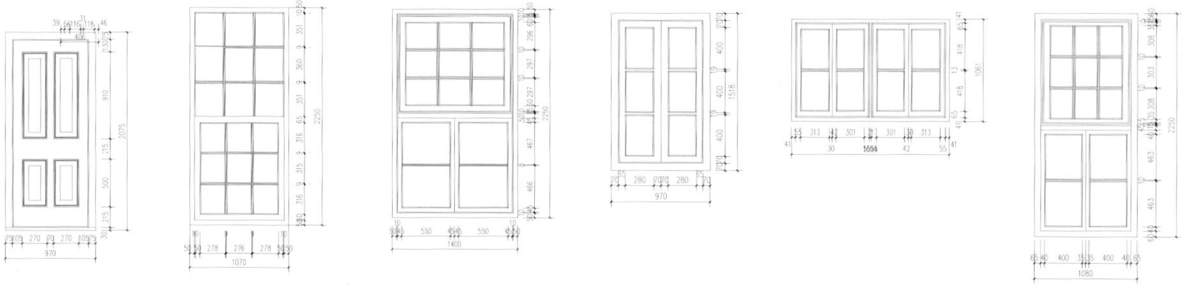

门窗详图

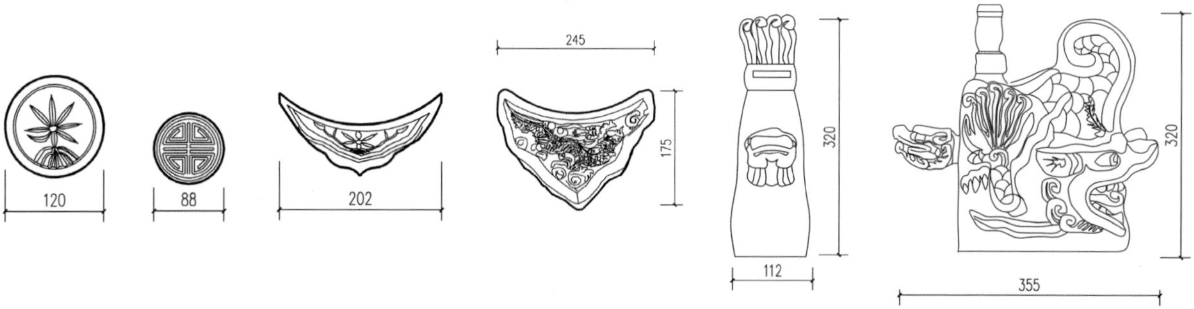

细部大样图

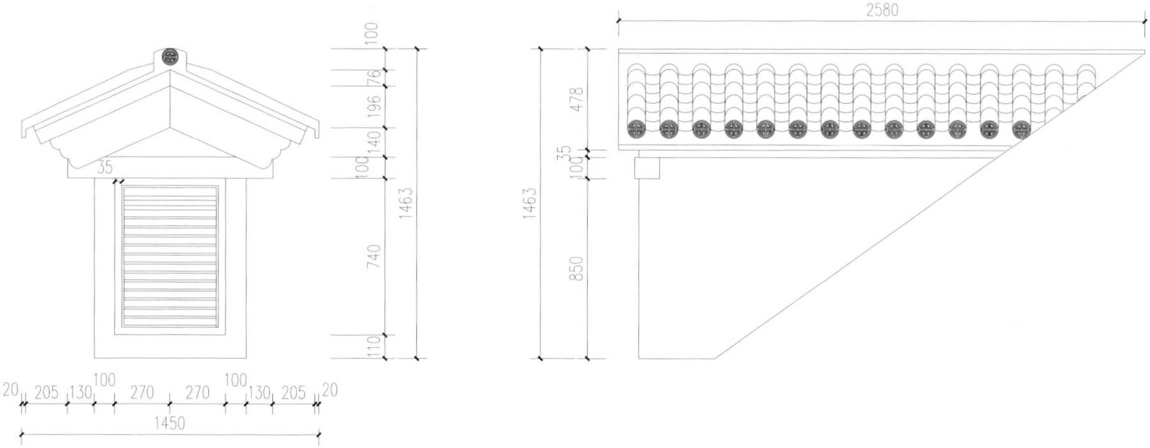

老虎窗详图

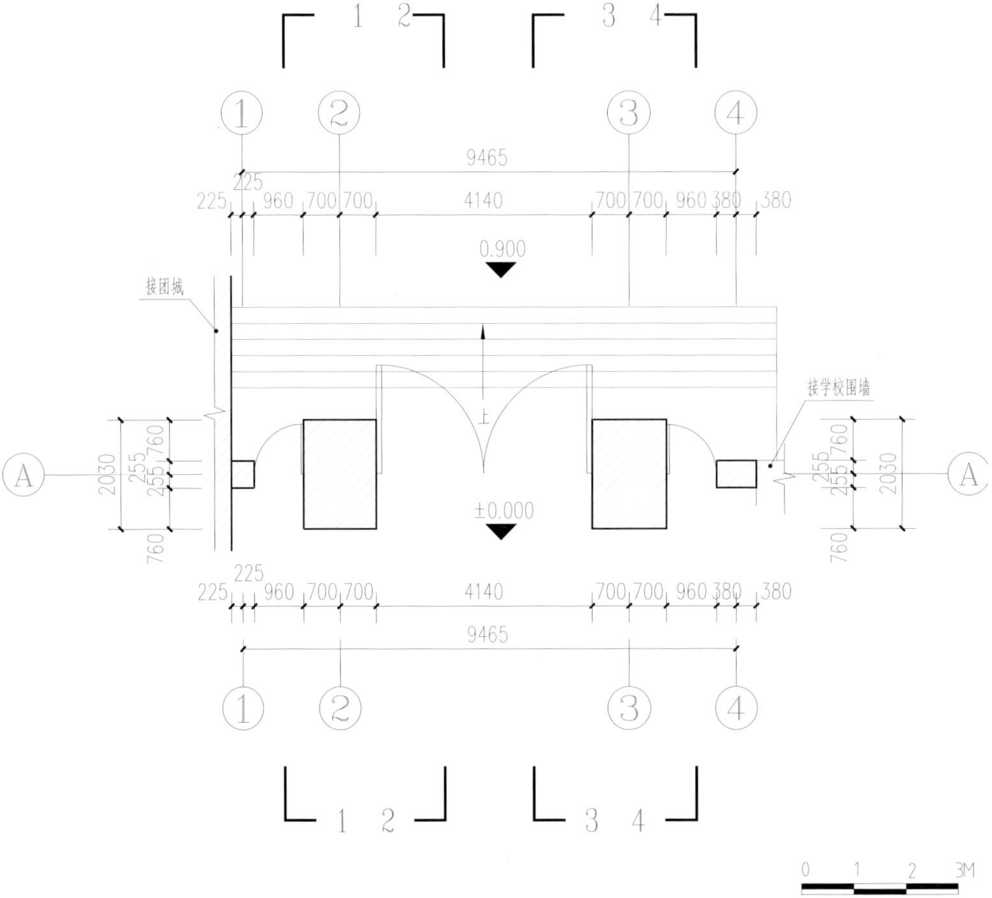
1
2
3
4
9465
225
225
960
700
700
4140
700
700
960
380
380
0.900
接团城
接学校围墙
上
A
2030
255
255
760
760
±0.000
0
1
2
3M

大门平面图

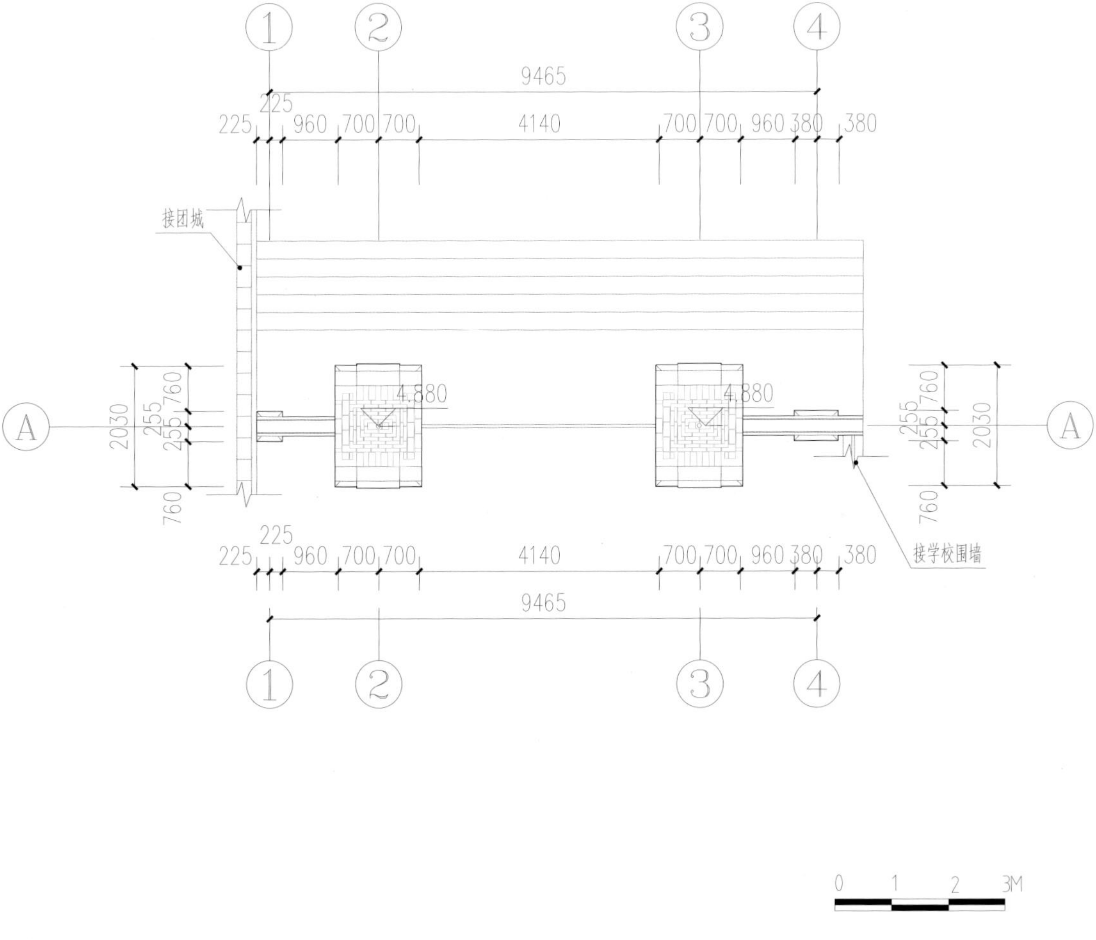

1
2
3
4
9465
225
225
960
700
700
4140
700
700
960
380
380
接团城
4.880
4.880
A
A
2030
255
255
760
760
接学校围墙
0
1
2
3M

大门顶视图

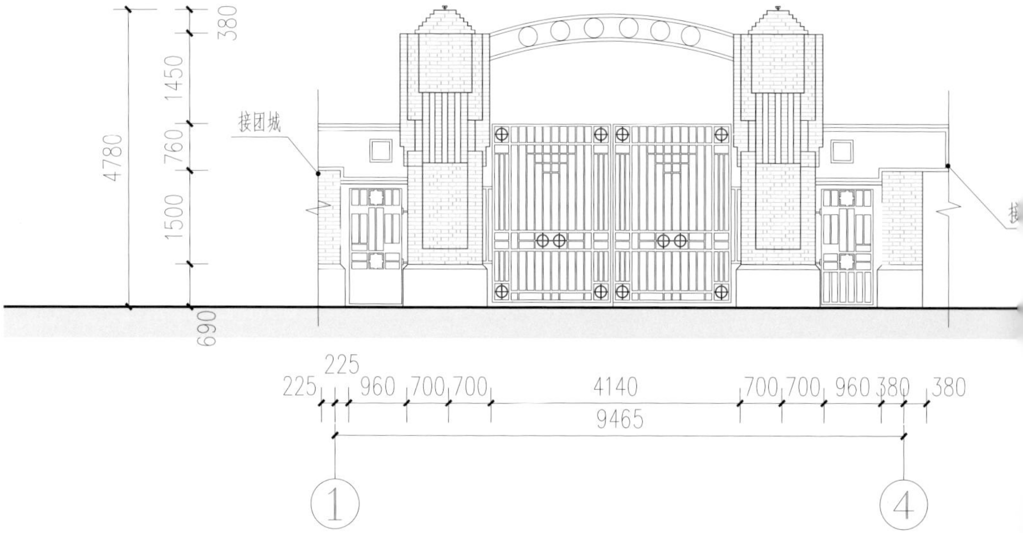
380
1450
760
1500
4780
690
接团城
225
225
960
700
700
4140
700
700
960
380
380
9465
1
4

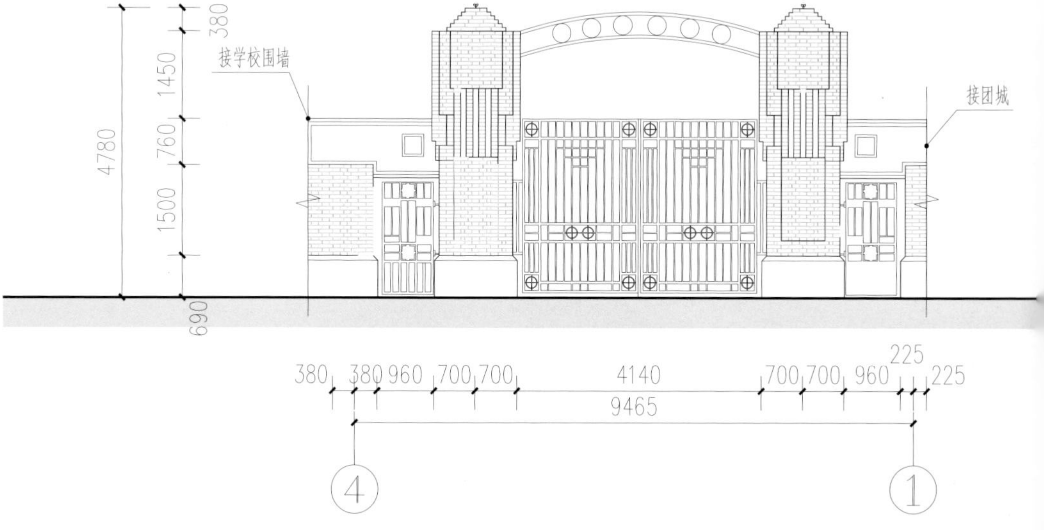
380
1450
760
1500
4780
690
接学校围墙
接团城
380
380
960
700
700
4140
700
700
960
225
225
9465
4
1

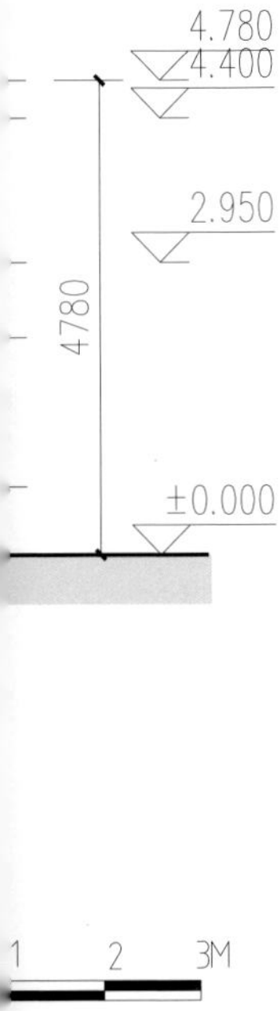

大门西立面图

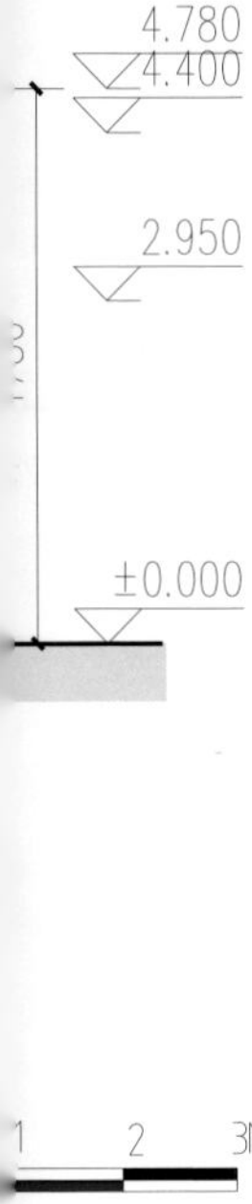

大门东立面图

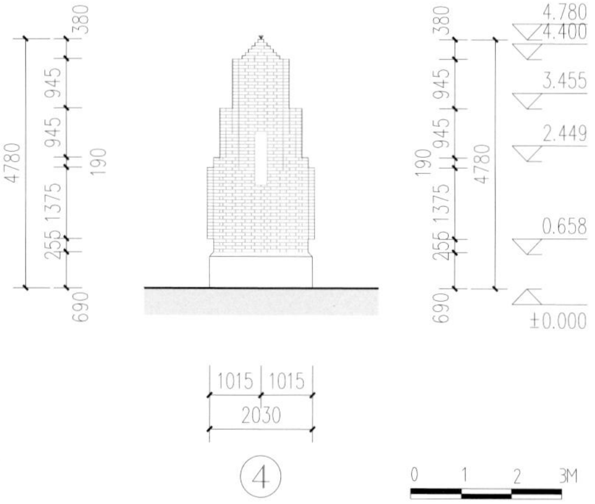

Ⅰ—Ⅰ剖面图

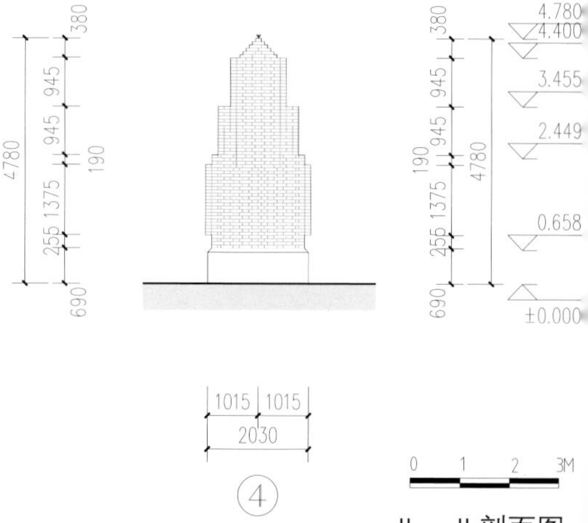

Ⅱ—Ⅱ剖面图

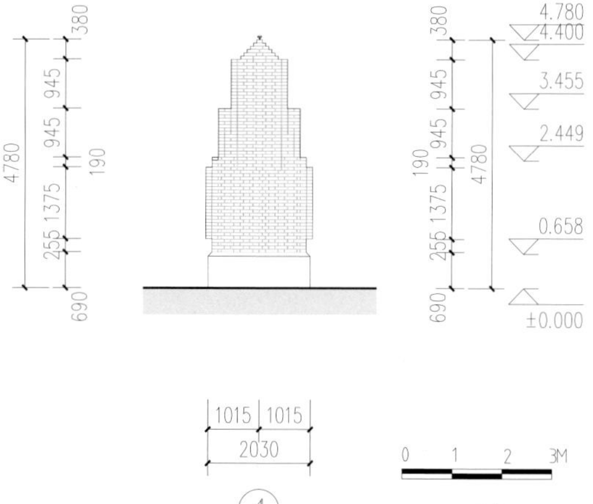

4

Ⅲ—Ⅲ剖面图

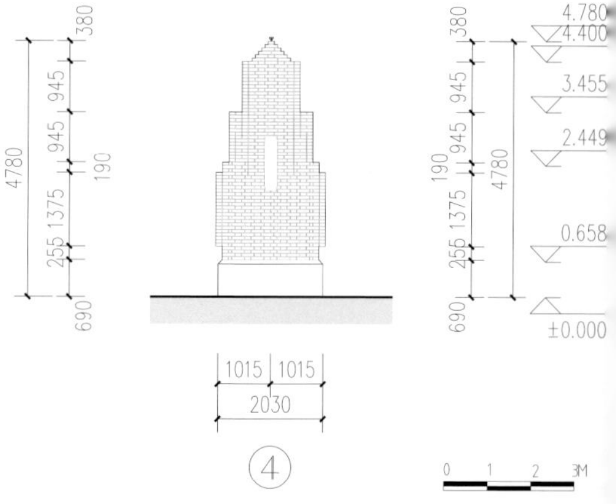

Ⅳ—Ⅳ剖面图

图片出处

序号	图片编号	图片名称	图片出处
1	图 1-1	盛宣怀　像	中国历史第一所大学——北洋大学（天津大学）历史档案珍藏图录
2	图 1-2	《海关道盛宣怀禀明创办西学学堂事》奏折	中国历史第一所大学——北洋大学（天津大学）历史档案珍藏图录
3	图 1-3	1888 年天津城至紫竹林地图中博文书院（1886 年始建）位置	全德生．天津大学——北洋大学校园规划建设过程研究（1895—2015）[D]. 天津大学，2015.
4	图 1-4	梁家园时期博文书院	同图 1-1
5	图 1-5	钦字第一号文凭	同图 1-1
6	图 1-6	钦字第一号文凭上所盖“钦差大臣关防”印章	同图 1-1
7	图 1-7	丁家立　像	同图 1-1
8	图 1-8	1925 年北洋大学三十年校庆纪念册上对校址变迁的介绍	同图 1-1
9	图 1-9	西沽校区 1925 年校园复原总图	同图 1-3
10	图 1-10	国立北洋大学时期四面钟大楼	天大档案馆
11	图 1-11	北洋大学时期的团城和校门	同图 1-1
12	图 1-12	1930 年兴建，1933 年建成的工程学馆（南大楼）老照片	天大档案馆
13	图 1-13	1936 年春建成并投入使用的工程试验楼（北大楼）	天大档案馆
14	图 1-14	北洋工学院工程学馆、工程实验馆及教员宿舍	同图 1-1
15	图 1-15	国立北洋大学西沽校址平面图	同图 1-1
16	图 1-16	凌福彭　像	河北工业大学校史馆
17	图 1-17	天津城内图	河北工业大学校史馆
18	图 1-18	河北省立工业学院本院平面图	河北工业大学校史馆
19	图 1-19	河北省立工业学院黄纬路分校图	河北工业大学校史馆
20	图 1-20	河北工学院时期校舍平面图	河北工业大学校史馆

序号	图片编号	图片名称	图片出处
21	图 2-1	北洋大学堂在天津市的区位图	天津大学建筑设计研究院
22	图 2-14	南大楼位置图	《北洋周刊》第 38 期
23	图 2-15	南大楼一层平面图	《北洋周刊》第 38 期
24	图 2-16	南大楼二层平面图	《北洋周刊》第 38 期
25	图 2-17	南大楼三层平面图	《北洋周刊》第 38 期
26	图 2-18	南大楼屋顶平面图	《北洋周刊》第 38 期
27	图 2-19	南大楼结构示意图	《北洋周刊》第 38 期
28	图 2-20	南大楼 T 字形梁与空心砖填充结构示意图	《北洋周刊》第 38 期
29	图 2-62	1935 年校门照片	同图 1-1
30	图 2-63	1935 年校门照片	同图 1-1

北洋大学堂旧址建筑测绘参与学生（建筑学 2004 级）

李维航，申江海，张光磊，张清源，张伟，张亚冉，苑娜，王梓，孙伟超，刘海晓，李心田，程浩，张娅莎，徐晶，王莉莉、任晓蕾、张和、张建伟、朱鹏菲、段晓娜，樊海国，张奕、窦金楠，闫旭光

北洋大学堂旧址建筑测绘指导教师

舒平，赵晓峰，魏广龙，赵小刚，张慧，刁建新，王丽杰，刘歆，聂蕊

图书撰写参与单位

河北工业大学建筑与艺术设计学院

天津大学建筑设计规划研究总院有限公司

建筑现状影像资料采集

研究生：唐宇涵，汪杰

指导教师：舒平，张慧，卢昀伟

图书编辑排版

研究生：汪杰，蔡佳祺，张钒

指导教师：舒平，张慧

图书封面设计

研究生：唐宇涵；

指导教师：舒平，张慧

参考文献：

[1] 全德生．天津大学——北洋大学校园规划建设过程研究（1895—2015）[D]. 天津大学，2015.

[2] 国立北洋大学学生自治会．北洋周刊第三十八期 [J]. 北洋周刊，中华民国二十一年三月二十一日，第 38 期．

[3] 中国第一历史档案馆编．《中国近代第一所大学——北洋大学（天津大学）历史档案珍藏图录》[M]. 第一版．天津．天津大学出版社，2005.

[4] 宗文举，张宝运．中国近代教育史上的创举——北洋大学的建立及其历史意义 [J]. 天津大学学报（社会科学版），2005(05):345-349.

[5] 王杰．北洋大学堂与中国近代高等教育的缘起 [J]. 高教探索，2008(06):74-80.

[6] 王玉国．丁家立与北洋大学堂 [J]. 天津大学学报（社会科学版），2003(01):71-76.

[7] 学工部、校友会． 北洋大学——天津大学校史简编 [M]. 天津：天津大学学工部，2001.

[8] 孙亚男．闫子亨设计作品分析（D）．天津大学，2011 年．

[9] 赵春婷．闫子亨与中国工程司研究（D）．天津大学，2010 年．

[10] 霍占良，曹旭冉．河北工业大学史话，社会科学文献出版社，2018 年．

[11] 罗树伟《近代天津城市史》[M]，北京：中国社会科学出版社，1993.

[12] 北洋大学—天津大学校史编辑室，北洋大学——天津大学校史（一），天津：天津大学出版社，1990.

[13] 杨渝钦主编，莘莘学子母校情 [M]，天津：天津大学出版社，2005.

[14] 王佳玉． 天津近现代建筑遗产保护与再生利用研究——以南北大楼与团城为例（D）．河北工业大学，2019 年．

[15] 孟怡然． 河北工业大学老校区教育建筑遗产及其保护策略研究（D）．河北工业大学，2018 年．

网络资源：

[11]https://baike.baidu.com/item/ 北洋大学 /1158368?fr=aladdin

[12]https://baike.baidu.com/item/ 天津大学 /134155?fromtitle= 北洋大学堂&fromid=3354420&fr=aladdin

[13]http://www.360doc.com/content/18/0505/07/53405944_751242106.shtml

24　　北洋週刊　　第三十八期

今天我來講演大樓建築情形，非常高興，因爲諸君對此，很感興趣！這次講演，用意不外兩點：第一，諸君聽講之後，觀察施工情形，當然較易了解；第二，內中計劃情形，有非施工時所能看到的，也以說說爲好。

諸君住過舊大樓的，知道舊大樓僅有兩層，上層圖書室，下層是地質室，材料實驗室，水力機室等，沒有作管理方面用的房屋。新大樓多了一層，便將教務處，院長室等，在第一層內添入。第二層有教室十間，每間能容自六十人至八十人不等。第三層圖畫室，計有六個，最大的能容圖畫桌一百張，房頂間附有曬圖室，這是樓佈置的情形。

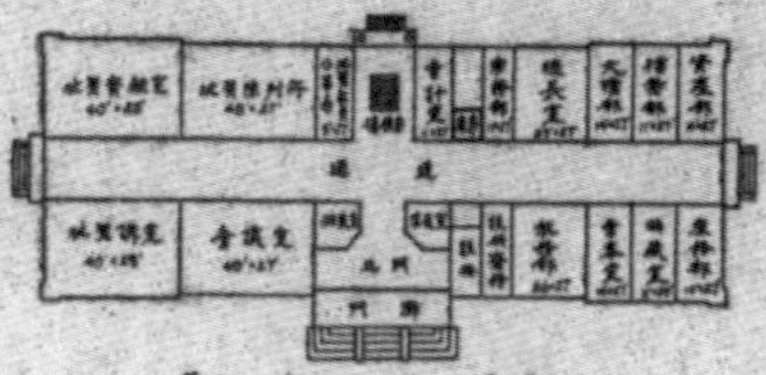

第一圖　第一層平面圖

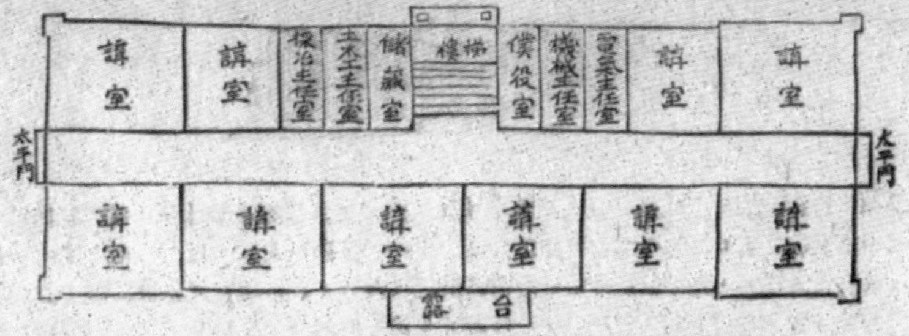

第二圖　　第二層平面圖

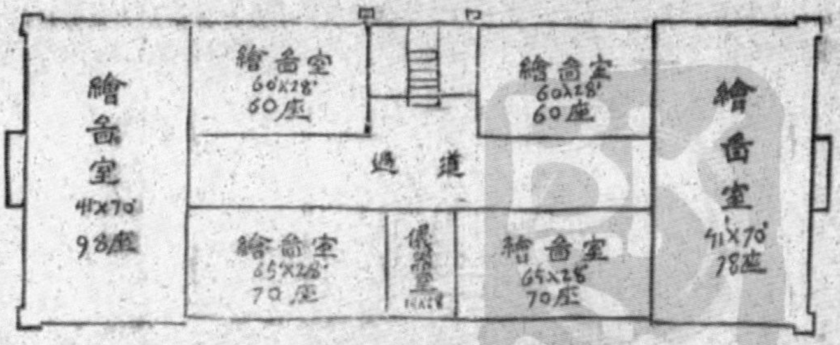

第三圖　　第三層平面圖

室內暖氣設備，不用煤爐，因爲用煤太多，且多灰塵，並不方便；也不用電爐，因爲太不經濟；我們用的是一百馬力的鍋爐所產生的蒸氣。普通鍋爐，用來鼓動機械，壓力需要很高，這種鍋爐，需要的是熱力，壓力就無妨很低了；我們的鍋爐，將壓力減低至每平方吋五磅，(Step down to 5 %″)，暖室鍋爐的壓力，還有達六安斯(6 ounces)，或負量的（Vaclum system)。

房屋建造的地位，不能太近於河，太近則恐地基過軟，所以房屋至少要離開河岸一百呎，因爲原地面太低，特將地面填高四呎，房基再由填高之地面升上三呎半，共有七呎半高，這很够高了。即令將來大水氾濫兩岸，我們依然可以安心的在屋內讀書。堆填所需之土太多，只好將河淤煤灰等項一并填上。

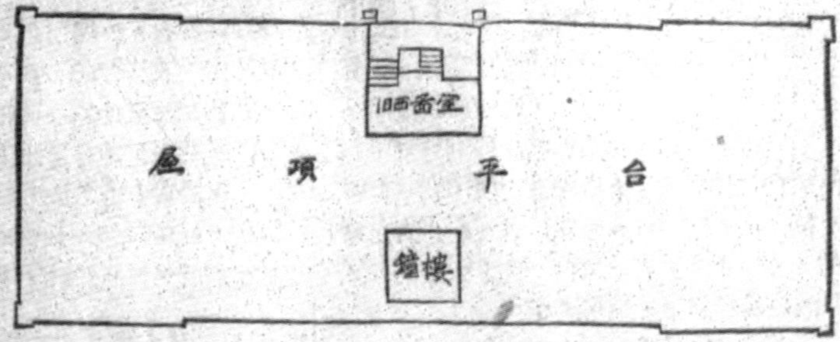

第四圖　屋頂平面圖

人家要說你不是一位好工程師，若是人家問你這房子起造要多少錢，而你不能立刻回答出來的時候。其實建築費有個大致估計的方法，按地面計算，下等房屋，每層每方一百五十元；中等二百元至二百五十元；再好一點，三百五十元；現造之大樓共有三層，面積約一百六十五方，以每層每方三百元計算，應需洋一十四萬八千五百元；本人計劃，最後總數為一十二萬六千餘元，此外暖汽衛生電線設備需三萬餘元。

舊大樓因係木質建造，致遭火災，前車有鑒，當然此次建樓，首需避火(Fire-proof)，避火方法，約有數點：

(1)鐵筋洋灰地板樓梯(Reinforced concrete floor and stairs)

(2)磚牆(Brick walls)

(3)空心磚間壁(Hollow tile partition)

(4)鐵窗(Steel windows)

(5)火磚罩面(Fire-brick facing)

(1)，(2)兩點，無需解說。第(3)點，非用空心磚間壁不可，若用木料間壁，則外面是木料，中間是空氣，着起火來，有抽風作用(Draft action)，好似搭了一隻煙筒，燒的更快。

以上三點，本樓建築時，均已採用。(4)，(5)兩點，價值太貴，加添鐵窗，約需七八千元，火磚則每千塊價一百三十元，窗框避火，既屬次要，火磚罩面，主要作用，倘在美觀，不在避火，所以我們用木窗及普通機器磚罩面(Machine-brick facing)。

通常房架(Frame)構造法有二；

第一法，用鐵筋洋灰架(Reinforced Concrete frame)此項建築法，磚牆並不承受重量，所有重量，均由樑柱傳到柱盤上，以達地基，此法以用於寬大之房屋為宜，牆由上而下，漸漸加厚，厚度之增加，本來可以計算，亦視各地之建築法規而定。

第二法，用鋼鐵架(Steel frame)，藉柱承力，此法用於高大之房屋為宜。現在此樓只有三層，因窗門甚多，即以磚牆作承力之柱如圖五所示，甚為經濟，所占地位亦小。

第五圖 [illegible]

本樓有一特殊之建築，便是庫房。庫房上下四週，均用洋灰建造，厚逾十吋。由過去實驗的結果，十吋厚的洋灰牆上，若想打個窟窿，八個鐘頭不夠，這樣會計先生可以放心了。庫房的門是用的保險庫門，鎖是用的連環鎖(Combination Lock)，須按某一定之數目排列法啟開，如不知其排列之次序，則無從開啟，其價值在一二百元上下。保險庫門；價值很貴，上海造的，需千餘元，從外國買來，更貴了，我們擬自己建造，只需數百元，這種特殊設備，除銀行外，是少有

無窮的未來；牠在新中國的建設上，在社會的改革上，負有很大的使命！尤其在此國難臨頭，需要專㗊人才的時候，我們北洋所造就的，都是能夠實際參加戰事的技術人才。我們切望政府要趕快撥款救濟，更希望各界愛國慈善的志士，給我們一點物質上的捐助。至於畢業同學，飲水思源，更希望努力以援助母校，使他能照着新的計劃發展！

北洋大樓建築工程概要

譚眞先生講

李癸夢
李富國 合記

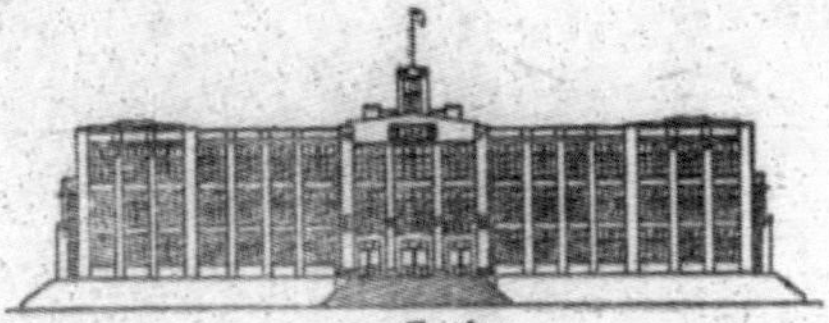

立面圖

大樓面積，東西長二十三丈三尺，南北寬七丈三尺六寸，以原來基址太低。特墊高四尺，俾將來地平無潮濕之患。自地平至女兒牆頂凡高五十一尺牆基深七尺，樓分三層：第一層係辦公室及地質會議等室，地平較屋外墊好地面高出三尺六寸，自地板至天花板淨高十二尺八寸；第二層係講室及各科主任室等淨高十三尺四寸；第三層係繪圖室淨高十四尺四寸屋頂係平台，中部迤南有曬圖室及瞭望室等，迤北有鐘樓一座高二丈寬一丈見方並立無電綫桿，以為將來接收國內外電波之用，第一層之下係地窖內有煤庫鍋爐房加壓水櫃等室，全樓煖气悉由地窖供給。

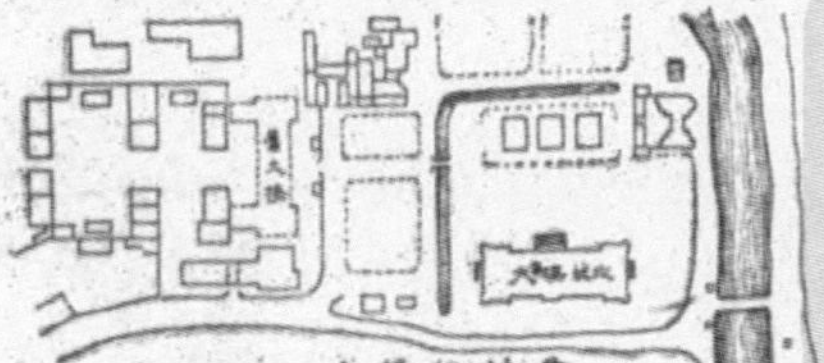

大樓地址圖

大樓地址，在東操場南部，正面向北，背臨大道，東西展長，南距大道六丈餘，東距河身十五丈樓南空場，備留將來擴充。

> 這是去年四月二十一的晚上，本校土木工學會，特請了本校大樓建築工程師譚全甫先生來校，講演大樓建築計劃情形，李富國李榮夢二君，担任了記錄。當時同學前往聽講的極多，譚先生於燦爛電燈之下，熱烈歡迎之掌聲中，登壇而言曰：

個時候，左右兩部受了重量（Fully loaded），中部祇受固重（no live load）。

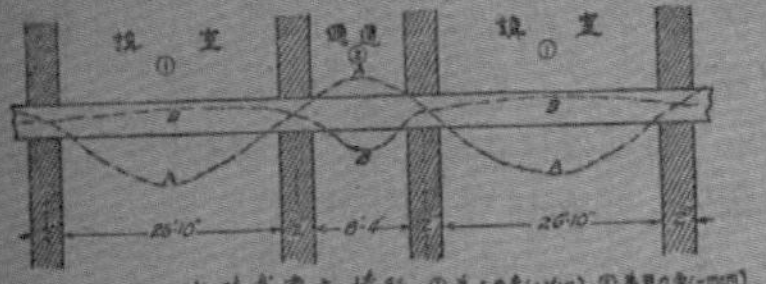

第七圖　橫樑之載重

到了下課的時候，教室空了，過道滿了，於是左右兩部祇受固重，而中部倒受着甚大的重量了；在各種受重不同的情形之下，每種情形橫樑上所生的最大力率，都要算出來，比較比較，求到最後的最大力率，便是我們所要的力率，這個力率，並不一定發現於樑的着力點的牆上，這是值得我們注意的。

洋灰裏面所用的鐵筋，普通有三種，表面平滑的，叫做平光鋼（Plain Steel rod），表面多節的，叫做竹節鋼（Corrugated steel rod），表面絞轉的，叫做麻花鋼（Twisted steel rod）我們所用的，多係竹節鋼，因其結合力（Bond stress）較大。鐵筋切面，有圓的，有方的，大小不等，長度則有一定的標準——四十呎——（Standard length, 40 ft.）但我們所需要的鐵筋，决不能一律四十呎，我們必定要將鐵筋計劃的結果，列出一個表來，某種大小的鐵筋，多少根？多少長？他種大小的鐵筋，又多少根？多少長？要鈎彎起來多少？折彎起來多少？這根四十呎長的鐵杆，截取多少，然後所餘的部分，剛彀他處之用？以耗費最少爲佳。這種截長補短的辦法，也很費一番斟酌的。

例如本樓橫樑所用之鐵筋爲 40',29', 11' 及 $5\frac{1}{2}'$ 等其中 $29+11+2\times5\frac{1}{2}=40'$，無所廢棄，如圖八所示。

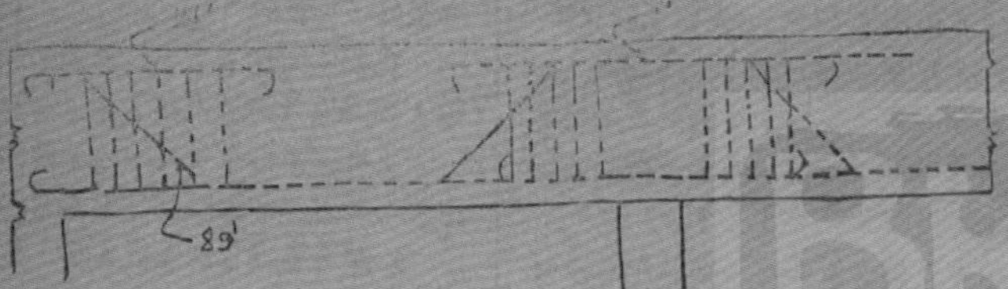

第　八　圖

說到本樓的基礎（Foundation），該地的土壤，就觀察所得，是很好的硬土（Hard clay），但土壤的觀察，是很難信任的。記得有一次門頭溝的工程，掘到地下，發現了很硬的岩石，掘動困難，工程師深以爲苦，彷徨無計，和當地土人談話，土人說：「這種石頭，遇風也化，遇水也化，曾有某處用牠造一所房子，一晚工夫，便自己倒塌了。」工程師聽到，將水灌入，果然那些石頭，都變成齏粉。又有一次，上海某處的工程，因爲地層太硬，木樁不易打入，包工的人大賠其本，鄰近有同樣的工程，另有一人包工，這包工人想到，他也非同樣的賠本不可了，誰知開工以後，木樁每天竟打下十根之多。土壤觀察，既難信任，當然非實地測驗不可，測驗的方法，將一個十二吋方底的木柱，放在所測驗的地面上，木柱頂上壓着重量，測驗的結果，壓到四千磅的時候，地面剛壓下四分之一吋，壓到七千磅，降下一吋餘，便不再往下降了，足見七千磅還不是土壤所能受的終極重量（ultimate loading），我們現在設計，規定土壤能受壓重爲每平方呎三千磅，當然不算多。

地基所受的重量，主要的是牆重（Wall

用着的。

本樓設計，雖處處顧及防火問題，但更有一重要之點，即太平門，雖不願有其事，也不能不有此設備。太平門設計之要點，在門須向外開，大凡人遇緊急之時，莫不向外推擠，决無向內拉而後開之者，此乃人之常情，本樓在東西兩端設向外開之太平門二，有簡單鐵梯接下，倘可適用。

萬丈高樓從地起，建築的時候，是由下而上的；但是計劃的時候，則由上而下。最要者先計算載重，載重分活重(Live load)和固重 (Dead load) 兩種，固重即建築材料本身的重量，容易計算，對於活重，普通歐美城市，均有一定之限制，凡建造於其城市之內者，均依照其建築法規建造。當時天津尚無此項法規，英工部局的規定，學校建築，活重爲一百磅，數值未免太大，考查各家建築有用五六十磅的，有用七十磅的，有用八十磅的不等。美國約翰生教授 (Prof. Johnson)曾作一度實驗，做一個十呎見方的箱子裝人，找到瘦瘦的人，胖胖的人，不胖不瘦的人，用各種不同的配合，裝滿箱中，權衡其重量，最重不過每平方呎二十九磅四，再加上撞擊的重量(Load of impact)，當不致過於每平方呎五十磅。本樓講室及屋頂平台之活重，均係設計每平方呎七十五磅、至於走道及樓梯二者，爲每平方呎一百磅，可謂安全之至了。

更有一事，即洋灰地板 (Slab) ，不能太薄或太厚；太厚則不經濟，太薄則不能承力，故須用丁字樑 (T-beam) ，但用丁字樑，則房頂不平，且將來如遇房間之改大或改小，亦不方便。更有進者，樓上講室的聲音，傳至樓下，甚爲噪雜，務須特別設計，以救此三病。

考阻止傳音之材料甚多，第一爲木料，第二爲實心牆或地板 (Solid wall or floor)，第三爲空心磚(Hollow tile)，其中以空心磚爲最適宜，故採用之。市面所售空心磚，寬十吋，長十二吋，高三吋四吋及六吋三種，我們所需要的空心磚較高，有高十二吋至十三吋的，只能自己僱工製造俾合適用。

安置空心磚之法，如圖六所示，丁字樑切面，頂寬(Effective flange)定爲十六吋，下寬四吋，頂高二吋，下高十二吋。

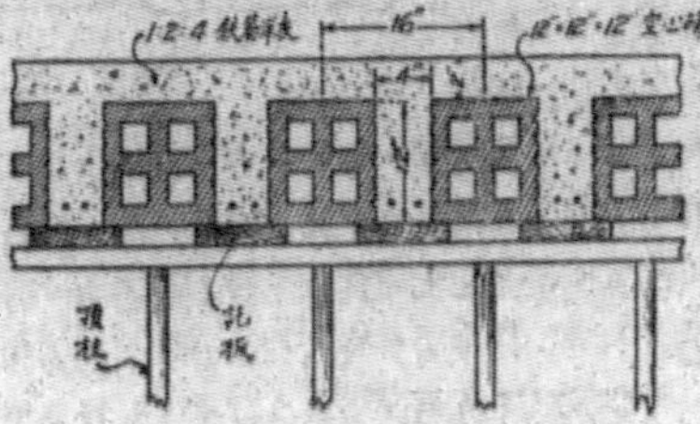

第六圖　空心磚安置法

橫樑之載重：

第一爲樑本身之重 (Dead load of T-beam)。

第二爲空心磚之重，平均每塊四十二磅至五十磅。

第三爲頂蓬抹灰(Ceiling Plaster) 之重，每平方呎五磅至七磅。

第四爲地板面上之裝飾如洋灰地板等。

第五爲活重，每平方呎七十五磅。

由上數者綜合之，即得樑之載重，洋灰地板就是按此載重計劃的。

我們遇到一個問題，頗饒興趣，如圖七所示，兩旁和中間立着的是牆，橫樑架於牆上，這當然是個連接樑(Continuous beam)，我們就能應用力學中的三力率定律 (Three moment Theorem)了。普通的見解，以爲最大的力率(Maximum moment)，必是負力率(Negative moment)，發現於樑的着力點的牆上，但是橫樑各部所受之力，並非常數，譬如我們的建築，橫樑的左右兩部是教室，中部是過道，當上課的時候，左右兩部，人都滿了，中間過道，也許一個人都沒有，這

load) 及樓重(Floor load) 二種，都由牆脚傳到地面，我們將牆長每呎所受之重量，以三千磅除之，即得基底所需之寬度，例如牆長每呎受重二萬一千磅，則基底應寬七呎，如圖九所示：

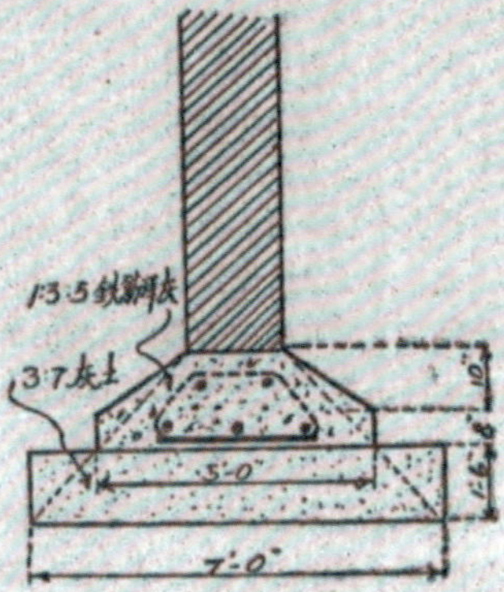

第九圖

ab爲牆脚，cd爲基底，abghfe爲洋灰層(Concrete footing)，聯接 ac, bd 的二線，必落在 f, g, 兩點之內。圖中小圓圈表示洋灰中之鐵筋，此種底層係按照力學中臂樑(Cantilever beam) 計劃。

本樓基底，是能避潮的，這當然是應有的設置。樓頂用木架，不能避火，鐵架升置不易，故本樓採用平頂。

以上所說，不過大概情形，至於詳細的計劃，數值的抽算，建造的小節，諸君可參看印曬的藍圖，對照實施的工作，此處恕不贅述了。

◉新計劃和新太樓

寒山

北洋是已經三十七歲，他是國立各校的大哥。好像在三年前，他曾經長過一場大熱症，因此在最近這幾年，他是在等着他的弟妹們趕上來。但不久，他驚覺了他的弟妹們都風馳電掣似的在進展，將有躍而過之之勢。於是他覺得有重新振作之必要，遂開始做他的一場大好夢。

他召集散居各地的子弟們，討論着計劃着他今而後的大計，開過一次會議：

他宣布目下最重要的事，便是醫治他的創傷。於是他們便開始討論：

甲說：先開放這世外桃源似的西沽，溝通北運河兩岸的文化，建築一座大橋。

衆無異議；通過。

乙說：我們要趕緊造一所大紅樓

通過。

以上二項，係須即日動工的。現在他們繼續討論將來應做的事。

丙說：光造一座大紅樓是不夠的，得再造一座，與上面的兩對對稱。

無異議。

丁說：我們沒有大禮堂，開起會來，把化學講室都擠破了；並且要開什麼遊藝會，也是怪不方便的。

戊說：這到不忙，最要緊的是先造圖書館，因爲現在的圖書館太小了。

丁和戊爭辯了半天，結果是兩案合併，造一大樓包含着大禮堂和大圖書館。

丙說：我們要快點改大學，恢復法科，添設理科。

己說：還是添醫科好，因爲有現成的北洋海軍醫學校在停辦着，可以合併。

庚提議將兩案保留，通過。

辛說：現在是摩登世界，女學生有愛運動員的趨勢，我們得提倡體育，擴充大操場。 大家拍手贊成。

乙說：國難臨頭，應速建一軍事訓練大樓，好練兵養馬，射擊衝鋒。全體贊成。

丙說：我們現在的調養室太小，得建造一座醫院，請幾個好大夫和幾個女看護。

多數通過。

甲說：我們的長工們還缺房子住，也得造一所大樓。 大衆贊成。

附录（二） 河北工业大学学校名称历史沿革表

北洋工艺学堂（1903-1904）

直隶高等工业学堂（1904-1912）

直隶高等工业学校（1912-1913）

直隶公立工业专门学校（1913-1928）

河北省立工业专门学校（1928-1929）

河北省立工业学院（1929-1946）

河北工学院（1950-1951）

天津大学（1951-1958）

河北工学院（1958-1962）

天津工学院（1962-1971）

河北工学院（1971-1995）

河北工业大学（1995 至今）

（出处：霍占良，曹旭冉．河北工业大学史话，社会科学文献出版社，2018 年）

致 谢

感谢天津大学彭一刚院士为该书作序，并提供宝贵的历史信息与资料。

岁月无痕，12 年前测绘同学的名字已经模糊。感谢建筑与艺术设计学院赵小刚老师逐一联系校友、帮忙确认当年测绘同学名单。感谢参与建筑测绘老师们的辛勤指导。感谢建筑学 2004 级学生们在此次建筑测绘中的辛勤付出。

感谢河北工业大学建筑与艺术设计学院各级领导与老师们对本书撰写与出版的大力支持。感谢天津大学建筑设计研究院风景园林院朱阳院长对该书出版的鼎力支持。感谢天津市历史风貌建筑办公室在《天津市历史风貌建筑保护图则》编制项目中的信任。感谢天津大学建筑设计研究院在《北洋大学堂修缮工程》项目中给予的合作机会。感谢河北工业大学党委宣传部曹旭冉老师及宣传部工作人员在资料收集阶段对本书的支持。感谢建筑与艺术设计学院卢昀伟老师与王晓东老师在建筑无人机拍摄与设备使用中的大力支持。

感谢研究生汪杰对该书初稿版面设计、建筑无人机拍摄的付出；研究生蔡佳祺和张钒对书中内容、图纸等不厌其烦地修改和图书打印校对的全程负责；研究生唐宇涵对建筑现状拍摄时间、角度、光影效果等的反复推敲以及对封面设计的辛勤付出。感谢研究生王佳玉、刘晶晶在北洋大学堂旧址修缮项目中所做的大量工作，为该书内容提供了一手资料；研究生孟怡然毫无保留地提供自己收集的相关资料与线索。

最后感谢天津科技出版社张婧编辑及有关人员的热情工作与大力支持。